茶学五讲

陈栋 著

華中科技大學出版社
http://press.hust.edu.cn
中国·武汉

图书在版编目(CIP)数据

茶学五讲 / 陈栋著. -- 武汉 ：华中科技大学出版社，2025. 4.
ISBN 978-7-5772-1763-5

Ⅰ. TS971.21

中国国家版本馆 CIP 数据核字第 2025FD5638 号

茶学五讲 陈　栋　著

Chaxue Wu Jiang

策划编辑：杨　静　娄志敏
责任编辑：杨　静　张帅奇
封面设计：琥珀视觉
插图作者：张　蓓
责任校对：李　弋
责任监印：朱　玢
出版发行：华中科技大学出版社（中国·武汉）　电话：(027) 81321913
武汉市东湖新技术开发区华工科技园　邮编：430223
录　　排：华中科技大学出版社美编室
印　　刷：湖北新华印务有限公司
开　　本：880mm×1230mm　1/32
印　　张：7.25
字　　数：138 千字
版　　次：2025 年 4 月第 1 版第 1 次印刷
定　　价：68.00 元

本书若有印装质量问题，请向出版社营销中心调换
全国免费服务热线：400-6679-118　竭诚为您服务
版权所有　侵权必究

人

绿茶

香气清新
清汤绿叶

黄茶

叶底嫩黄
滋味醇厚

红茶

香甜味醇
红汤红叶

白茶

清淡回甘

黄绿清澈

黑茶

汤色黄褐

乌黑油润

生津回甘

浓厚滑爽

乌龙茶

茶經卷上

唐　竟陵陸羽鴻漸著

明　晉安鄭熜允榮校

一之源

茶者南方之嘉木也一尺二尺迺至數十尺其巴山峽川有兩人合抱者伐而掇之其樹如瓜蘆葉如梔子花如白薔薇實如栟櫚蒂如丁香根如胡桃瓜蘆木出廣州似茶至苦澀栟櫚蒲葵之屬其子似茶胡桃與茶根皆下孕兆至瓦礫苗木上抽其字或從草或從木或草木并從草當作茶其字出開元文字音義從木當作㮧其字出

苏東坡品茗图

童子煮茶图

中国茶　世界观

中国茶被世界誉为“东方神秘树叶”。2022年11月29日，在摩洛哥拉巴特召开的联合国教科文组织保护非物质文化遗产政府间委员会第十七届常会上，中国申报的“中国传统制茶技艺及其相关习俗”通过评审，正式列入联合国教科文组织人类非物质文化遗产代表作名录。这标志着中国茶正式成为具有重大国际影响力的“世界茶”。

打开中华文明五千年的历史画卷，几乎每一卷都能看到茶饮，闻到茶香，品到茶味。

茶是中国的，也是世界的。茶在中国繁荣发展后，成为大宗贸易商品，依托草原茶路、茶马古道、海上茶路等各类商路，传入中亚、西亚和欧洲等地，走向世界的每一个角落，并以其独有的苦后回甘，赢得世界各地民众的普遍喜爱。如果要选择一个贯穿古今、见证中外友好交流的物品，无疑当属中国茶叶。

国有界，茶无界。中国是全球最大的茶叶生产国和消费国，拥有全世界规模最大、实力最雄厚、结构最完善、门类最齐全的茶叶种植、生产和科技研发体系，拥有庞大的茶文化研究和传播群体。

一杯中国茶，一种世界观。博大精深、雅俗共赏、源远流长的中国茶文化，源自中国，享誉世界，充分体现了中华文明对人类文化多样性的重要贡献，彰显了中华民族的文化自信。

“和静清雅”的茶文化，彰显天下大同的社会理想。中华优秀传统文化自古便倡导“和为贵”“协和万邦”“亲仁善邻”“四海之内皆兄弟”等和平友好理念。这些核心理念和价值追求在“和静清雅”的茶文化中得到充分展示。茶之和，不仅是指人与人之间的和谐共处，更是指人与自然的和谐共生；茶之静，不仅是指外在的安静与平和，更是指内在的宁静与淡然；茶之清，不仅是指茶叶本身的清新脱俗，更是对品茗人的精神风貌的期许；茶之雅，不仅是指雅致的生活方式，更是指优雅的生活态度。从根本上讲，“和静清雅”是中国茶的核心精神。

“谦和礼敬”的茶事礼仪，彰显和而不同的处世哲学。实践证明，相互尊重、和衷共济、和合共生是人类文明发展的正确道路。以茶敬师、以茶谢客、以茶睦邻，表达的是温文尔雅的谦和态度，传递的是和而不同的宽阔胸襟。“一茶多品，一茶多枝，一茶多用”的实践生动证明了一个通俗却深刻的道理：同一片茶叶，制茶师可以通过不同工艺把“一方水土养一方茶”诠释得淋漓尽致。从根本上讲，“谦和礼敬”是中国茶的精神外展。

“交流互鉴”的共享理念，彰显美美与共的价值追求。文明交流互鉴是推动历史进步的力量源泉，也是维护世界和平的重要法宝。从根本上讲，“交流互鉴”是中国茶的价值追求。

茶与国人相伴数千年，远行全球数万里。品茶的人群可能每天都在改变，但茶的本质从未改变。中国茶承载着中华优秀传统文化的独特基因，铭刻着中华文明“天地合、人心同”的文化内涵，是优雅而富有诗意的文化符号，影响着人们的生活方式。

中国茶，世界观，观己观人观天下。

目录

第一讲

茶史——源远流长

引语

中国是茶树的原产地。据唐代茶圣陆羽所撰《茶经》记载：“茶之为饮，发乎神农氏，闻于鲁周公。”历经药用、食用、饮用的变迁，茶历史源远流长，茶工艺独具匠心，茶文化博大精深。中国茶，犹如一条流淌数千年的文明长河，正在引领全球茶人奔向星辰大海。

茶叶的前世今生

茶、咖啡、可可并称为世界三大无酒精饮料，其中，茶叶的历史最为悠久、底蕴最为深厚、影响最为广泛。茶文化博大精深、雅俗共赏、源远流长，是世界文明长河中的一道靓丽风景线。

茶源自中国，盛行于世界。据唐代茶圣陆羽《茶经》记载："茶之为饮，发乎神农氏，闻于鲁周公。"除了"神农尝百草"的相关传说之外，考古学家在浙江发现了已知最早的人工种植茶树根，距今约6000年。山东战国墓葬出土的经过煮泡的茶叶遗存，是目前考古发现年代最早的饮茶实物证据，距今约2400年。

几千年来，茶从最初的药物、食物转变为受人欢迎的大众饮品，由茶饮而衍生出的茶文化持续演进革新，对人类社会发展产生了重大影响。

远古时期，茶叶是一种药物，其使用方式主要是“茶粥法”，即把摘下的茶叶直接放在水中煮，然后喝煮过的汤水。这种茶汤可发挥药物功效，虽然具有最原始的清新茶香，但带着较浓的苦涩味。

秦汉时期，茶叶逐渐从药物转变为饮品，其饮用方式主要是“羹饮法”，即把制好的茶饼放在火上炙烤，搅碎后冲入开水，再加入葱、姜、橘皮等进行调和，然后饮用。

三国两晋南北朝时期，茶叶的饮品地位更加凸显，其饮用方式主要是“研碎冲饮法”，即直接把制好的茶饼碾碎成末，用沸水冲泡，并加入葱、姜、橘皮等拌合饮用。

隋唐时期，茶叶的饮用逐渐回归本味，时人不太主张在泡茶时加入其他调料，其饮用方式主要是“煮茶法”和“煎茶法”。此时，人们开始广泛使用瓷器茶具，并强调色彩调和。这一时期，茶饮行为从物质需求慢慢上升为艺术文化需求。

宋元时期，茶叶的饮用以团茶、片茶、末茶为主，并盛行“分茶”游戏，其饮用方式主要是“末茶点冲法”，即把饼茶研磨成末，用“罗”筛出细茶粉，再将茶粉放入茶盏中，以汤瓶加入沸水，用茶帚将茶粉与沸水快速搅匀，使茶汁充分浸出后饮用。宋元时期的茶文化延续了唐代生活美学，茶成为达官贵人、文人雅士的社交必需品。

明清时期，茶叶饮用的主流是散茶，其饮用方式主要是“全叶冲泡法”，即直接用全叶冲泡后饮用。这种饮茶方式的变革，催生出了一整套品评茶叶色、香、味、形的科学方案。茶文化伴随茶叶海外贸易迅速走向世界，呈现出多元化和国际化特征。

近现代以来，茶叶饮用基本沿用散茶模式，其饮用方式仍以“全叶冲泡法”为主。但有一些少数民族地区还是以煮饮为主，主要原因有两个：一是用开水冲泡紧实的砖茶难以浸出茶汁；二是高原气压较低，沸水不到100摄氏度，必须用锅煮熬才能让茶味充分释出。

新时代，茶已成为满足人民对美好生活向往的必需品。2019年11月27日，第74届联合国大会宣布将每年5月21日设为“国际茶日”，以肯定茶叶的经济、社会和文化价值，促进全球农业的可持续发展。2020年5月21日，是联合国确定的首个“国际茶日”。国家主席习近平向“国际茶日”系列活动致信指出：“茶起源于中国，盛行于世界。联合国设立‘国际茶日’，体现了国际社会对茶叶价值的认可与重视，对振兴茶产业、弘扬茶文化很有意义。”毋庸置疑，茶除了作为健康饮品的价值外，还在社交礼仪、精神修养、艺术表达、历史传承等方面具有更为丰富的文化意义。在人们眼中，茶不仅是一种生活方式和文化符号，更是一种审美态度和精神寄托。2022年11月29日，“中国传统制茶技艺及其相关习俗”申遗成功，把中国茶文化的知名度和影响力推上一个新的历史高度。

看中国，茶叶以草木之微，不仅带动产区人民脱贫致富、助力乡村振兴，还承载着中华文明的深厚底蕴与“和静清雅”的茶文化。

观世界，全球产茶的国家和地区已达 60 多个， 2020 年，全球茶叶产量为 600 万吨左右，饮茶人口超过 20 亿。作为重要的经济作物，茶叶是很多欠发达国家和地区无数贫困家庭的主要谋生手段和收入来源，同时也是许多发展中国家的农业支柱产业和出口创汇的主要来源。

中国茶叶滋养中华，享誉世界。穿越五千年的时光隧道，中国人会情不自禁地为中国茶感到骄傲和自豪。因为，这片神奇的东方树叶不仅滋养了华夏儿女数千年，还以其独特的魅力征服了全世界。

人在草木间，浮生半日闲；品茗千年香，不负好时光。无论是从历史维度看，还是从全球视野看，茶的价值已远超饮品范畴。茶叶的前世今生连接着自然与人文、传统与现代、过去与未来，茶文化也必将伴随人类社会发展而走向更加广阔的未来。

离开了茶文化，茶就是叶子

饮茶始于中国，盛于世界。几千年来，伴随茶文化的传播与普及，茶道、茶礼、茶艺已经通过不同的方式渗透到了寻常百姓家。究其原因，主要包括两个方面：一是饮茶有健身、治疾之药物疗效；二是饮茶具有丰富的文化内涵，既富有情趣，又可陶冶情操。

茶自诞生之日起便与文化有着不解的渊源。例如，龙井产于西湖之畔，普洱茶产于云南，大红袍产于福建武夷山，若不是世人用诗、词、歌、赋和美丽传说来泼墨吟颂，这些茶恐怕难以享誉海内外。可以确定的是，好茶、名茶展现的远非几片经过加工的叶子，而是一个故事、一方文化、一种品味，甚至是一段深厚的历史情怀。

茶文化重在品。茶是品读人生的重要载体。中国人饮茶，注重一个“品”字。“品”不但能鉴别茶的优劣，也能让人神思遐想，领略茶情茶趣。对于忙碌的职场人士而言，品茶能品得一分清静，品出一分解脱；对于文人雅士而言，品茶能让人胸怀舒畅，品出逍遥自在。

茶文化重在传。茶是文化交流的重要载体。全世界有一百多个国家和地区的居民都喜爱喝茶。不少地方的民众把饮茶品茗作为一种艺术享受来推广，作为一种文化习俗来传播。多种茶文化交流互鉴，茶文化得以生生不息，比如，中国茶德的“廉、敬、和、美”，日本茶道的“和、敬、清、寂”，韩国茶礼的“和、敬、俭、真”。

茶文化重在悟。茶是感悟身心的重要载体。饮茶的妙趣不仅在于其独有的色、香、味、形，还在于其能使人把心放在闲处。在生活中，茶常常被升华为一种精神象征。比如，人们可以从清澈的茶汤中感悟“清廉”“清静”“清心”，可以从温和淡雅的茶香中感悟“和谐”“谦和”“中庸”，可以从天然纯净的茶性中感悟“纯正”“纯朴”“归真”。

茶文化重在韵。茶是韵咏人生的重要载体。品茶之后的韵咏也是茶文化的一种延伸。唐人裴汶在《茶述》中写道：“茶……其性精清，其味淡洁，其用涤烦，其功致和。”这里的“淡”与“和”是品茶者韵咏出来的一种心境。对自己而言，韵茶可以悠然忘怀，心绪清明，神驰物外；对他人来说，韵茶可以耐心倾听，浅斟细酌，清言雄辩。这类场面是何等清爽宜人。

茶是中国的，也是世界的

早在上古时期，茶叶就被人们作为一种药用植物运用和传承，以“解体毒，治昏睡”而扬名。三国两晋南北朝时期，茶逐渐由药物转为上佳的饮品。从此，茶叶与人们日常生活的联系越来越紧密。隋唐以后，茶叶与丝绸、瓷器等逐渐成为中国对外贸易的重要商品。

茶叶伴随丝绸之路、茶马古道等贸易路线，传入中亚、西亚乃至欧洲等地。日本来华留学的僧人把茶叶带回自己的国家，使其成为文化交流的重要载体。茶叶每到一处，都给当地民众带去惊喜，深受他们的欢迎。

如前文所述，世界上有三种最主要的饮料植物：茶叶、可可、咖啡。原产于美洲的可可，在1528年由西班牙人引入欧洲；原产于中国的茶叶，在1610年由荷兰人传入欧洲；原产于埃塞俄比亚的咖啡，在 1615 年由威尼斯商人引入欧洲。可以说，三种植物饮料都在世界上产生了很大的影响，尤其是茶叶的传播，改变了许多国家民众的生活习惯。当 1610 年荷兰东印度公司的船队把少量的茶叶运回欧洲时，欧洲饮品市场犹如久旱逢甘露，饮茶很快在欧洲盛行。从此，茶叶便成为西方国家不可或缺的重要物资，许多西方文化名流都有饮茶的爱好。

茶能成为在全世界受欢迎的饮料，根本原因在于茶叶的功效显而易见。研究表明，茶叶中含有咖啡碱、单宁、茶多酚、蛋白质、碳水化合物、游离氨基酸、叶绿素、胡萝卜素、芳香油、酶、维生素 A 原、维生素 B、维生素 C、维生素 E、维生素 P 以及各类无机盐等 400 多种成分。我国历代“本草”类医书在提及茶叶时大都说其有止渴、清神、利尿、治咳、祛痰、明目、益思、除烦去腻、驱困轻身、消炎解毒等功效。1657 年，英国伦敦知名咖啡店“加威”就在茶叶海报上这样宣传：“茶叶的功效显著，因此东方文明的古国，均以高价销售之。这种饮料在那里受到广泛的欣赏，凡是去这些国家旅行的各国名人，均以他们的实验和经验所得，劝导他们的国人饮茶。茶叶质地温和，四季皆宜，饮品卫生、健康，有延年益寿之功效。”

茶能成为世界饮料，重要原因在于茶叶品类丰富，能适应不同人群的消费需求。根据制作工艺和发酵程度，茶可分为绿茶、黄茶、红茶、乌龙茶、黑茶、白茶等六大品类。每一个品类都有自身的特色，比如人们通常认为绿茶可以提神，黄茶可以促进新陈代谢，红茶可以养胃，乌龙茶可以健美，黑茶可以补充营养，白茶可以健脾养生。简而言之，茶叶可以满足不同人群的生理需要和精神需求。

除了四大发明外，茶叶也算得上是中国对世界的另一项伟大的贡献。茶对人类有着广泛的影响，这个观点深入人心。茶是中国的，也是世界的。

中国茶文化的十大世界之最

很多人对茶叶不陌生，但对茶文化了解不多。要了解茶文化，首先要了解茶常识。茶常识包括茶的基本知识和与茶相关的历史、文化以及地域民情风俗等。

对于爱茶者、卖茶者、品茶者，乃至普通的喝茶者而言，了解“中国茶文化的十大世界之最”，不仅能拓展自身的知识面，还能在内心深处增强对中华文化的荣誉感与自豪感。

第一，中国是最先发现和利用茶的国家。相传在公元前2700年左右，“神农尝百草，日遇七十二毒，得茶而解之。”这个“荼”就是茶。按此推算，神农氏是我国乃至世界上发现和利用茶的第一人。

第二，中国是最早开展种茶活动并向外传播茶文化的国家。早在唐代，茶叶已作为商品向海外传播。9 世纪初期，我国茶种首先传入日本，后来又传入印尼、印度、斯里兰卡等国家。

第三，最早的茶话会出现在中国。三国时期，吴国皇帝孙皓赐宴群臣，必使群臣大醉。大臣韦曜酒量小，孙皓为照顾韦曜，便暗允其“以茶代酒”。后来，逐渐出现了集体饮茶的茶宴，类似今天的“茶话会”。

第四，最早的咏茶诗出现在中国。早在先秦时期，诗歌中即有对茶的描写，西汉时期王褒《僮约》中已有“烹茶尽具”等内容，而西晋诗人张载的茶诗《登成都白菟楼》“芳茶冠六清，溢味播九区。人生苟安乐，兹土聊可娱”，被称为第一首有代表性的咏茶妙诗。

第五，最早的茶叶专著出现在中国。唐代陆羽撰述的《茶经》，是我国也是世界上最早的一部关于茶叶的专著。《茶经》已被译成多种文字，在世界各地广为流传。

第六，最早的茶馆出现在中国。晋代，最早的茶摊出现了；唐初，最早的专业茶馆诞生于四川。在唐代，茶馆除予人解渴外，还兼有予人休息、供人进食的功能。宋代则是中国茶馆的兴盛时期。在当时，茶馆具有很多特殊的功能，除供人们喝茶聊天、品尝小吃、谈生意、做买卖外，还进行各种演艺活动，同时，也是行业聚会的重要场所。

第七，最专业的茶叶博物馆在中国。位于杭州市西湖龙井茶产区的中国茶叶博物馆，是中国唯一一家国家级茶专题博物馆，也是别具特色的茶文化专题博物馆，其包含茶史、茶萃、茶事、茶缘、茶具、茶俗六大相对独立而又相互联系的展示空间，从不同的角度对茶文化进行了诠释。

第八，中国拥有最完备的茶叶科研教育体系。目前，我国有30多所高等院校开设茶学专业，在校大学生人数居世界之首。此外，我国有中国农业科学院茶叶研究所这一国家级综合性茶叶科研机构以及10多家知名省级茶叶研究所，具有较为完整的茶叶科研网络，是世界上茶叶科研体系最完备的国家之一。

第九，中国拥有最丰富的茶品类。早在晋代，就已经出现了关于茶树选种的文字记载。如今，我国的茶品类空前丰富，除了有绿茶、黄茶、红茶、乌龙茶、黑茶、白茶外，还有多种再加工茶，如花茶、速溶茶、袋泡茶，以及各种保健茶和食品饮料茶。

第十，中国有最多样的名茶种类。我国除传统的十大名茶——西湖龙井、洞庭碧螺春、黄山毛峰、庐山云雾茶、六安瓜片、君山银针、信阳毛尖、武夷岩茶、安溪铁观音、祁门红茶外，还有恩施玉露、普洱茶、滇红、广东大叶青、冻顶乌龙、安吉白茶、赤壁青砖茶等千余种优良茶叶。这是其他国家无法比拟的。

第二讲

茶道——雅俗共赏

引语

中国茶道文化风行千余年，不论王侯将相、文人墨客，还是平民百姓，无不以茶为媒、视茶为友。中国茶道既雅俗共赏，又不拘一格。品茶之时，既可抚琴歌舞，也可吟诗作画；既可观月赏花，也可独对山水……这些美妙的场景无不让人怡情悦性、悠然自得。

茶文化的根脉传承

中国是茶的故乡，也是茶文化的发源地。中国茶不仅是一种大众饮品，也是一个文化符号，还是一种艺术方式。茶文化是指饮茶活动过程中形成的文化特征，包括茶道、茶艺、茶宴、茶德、茶书、茶诗、茶联、茶画、茶具、茶学、茶民俗、茶故事等。

中国自古便是礼仪之邦，中国茶文化是通过沏茶、赏茶、闻茶、饮茶、鉴茶等和中华民族传统礼仪、哲学思想、审美情趣深度相融合而形成的独具特色的文化现象。

几千年来，种茶、制茶、贮茶、品茶的方式发生了很大变化，茶在政治、经济、文化交流中所处的地位越来越重要。不论是柴米油盐酱醋茶，还是琴棋书画诗酒茶，都是对中国传统生活方式的高度概括。茶在人们的生产生活中占据着不可替代的地位。

据传，在近5000年前的上古时期，炎帝神农氏利用茶叶的生叶煮饮，将其作为具有解毒功效的药物使用。

3000多年前的西周时期，人们开始人工栽培茶树，并继续将茶叶作为药物使用。

秦朝时，人们开始调煮茶叶，羹饮方式的流行让茶叶从药用植物逐渐转变为日常饮品。

汉朝时，茶叶的商业化进程开始加速，四川一带已有茶叶市场，成都成为我国最早的茶叶集散中心。同时，茶叶制作工艺逐渐完善，炒青、揉捻、烘干等工艺不断改进优化。为了运输方便，茶饼制作兴起。

三国两晋南北朝时期，茶叶开始在民间广泛传播，茶文化开始兴起，饮茶礼仪受到民众的关注和重视。

隋唐时期，茶饮之风盛行全国，茶叶种植与制作水平大幅提升，茶叶逐渐与艺术文化、宗教文化结合。陆羽《茶经》的问世，标志着茶学研究达到了历史新高度。

宋朝时，分茶这种茶艺表演开始兴起，斗茶成为极为流行的茶事活动，人们不断改进和创新泡茶技艺，追求茶具之美，对水质空前重视，茶道逐渐发展。

元朝时，散茶的制作工艺得到发展和完善，重炒略蒸的制茶方式极大提高了茶叶的品质和口感。

明朝时，散茶全面普及，茶叶品种不断丰富，茶叶贸易十分繁荣，茶馆茶楼林立。随着海外贸易的发展，中国茶叶加速销往世界，茶文化也随之走向全球。

清朝时，中国茶叶风靡世界。绿茶、黄茶、红茶、乌龙茶、黑茶、白茶等六大茶类基本形成，茶叶品种空前丰富。除了民间茶艺外，宫廷茶礼更加讲究，茶道文化达到了中国封建社会的顶峰。

近现代以来，中国茶叶经历了“兴盛—衰落—恢复—繁荣”的波折历程，通过恢复旧茶园、建设新茶园、改进新品种、发展茶科学等举措，茶叶经济迈上了健康平稳的发展快车道。目前，中国已成为全球最大的茶叶生产国和消费国。

如今，茶叶已成为一张靓丽的中国名片。茶产业已是众多茶叶产区推进乡村全面振兴的支柱产业。统筹发展茶产业、茶文化、茶科技，发展茶叶文旅，成为基本共识。

发展茶文化，不能墨守成规、因循守旧，而要勇于创新，实现其与生活美学、商业价值的有机结合。如此，中国茶才能更受全世界人民的欢迎。

茶文化是中华优秀传统文化的重要组成部分，承载着中华儿女的勤劳智慧和精神追求。在中国人眼中，茶不仅流淌在舌尖的味道里，还渗透于生活的细节中。因此，茶文化的根脉传承，犹如一幅多彩多姿的美丽画卷，需要广大中华儿女共同绘就。

茶文化的根脉传承，是技艺与习俗的延续，更是精神与文化的传承。中国若要实现从茶业大国向茶业强国的跨越，就必须高度重视茶文化的根脉传承，让中国茶文化真正走进世界的每一个角落，融入全球民众的日常生活中。

品茶引领新风尚背后的深层逻辑

俗话说："开门七件事，柴米油盐酱醋茶。"这是中国古人朴素生活观中的最基本要素。古人把茶与柴、米、油、盐等并列，视其为生活之必需品，这表现了古人总结的一个生活经验：茶叶与人类生活密不可分。

伴随人们生活水平的提高，民众越来越重视养生保健，对茶叶也愈加青睐。在各种饮料竞争日益激烈的今天，品茶却以前所未有的速度深入人们的生活，并成为一种时尚。

在生活节奏日渐加快的今天，品茶为何能成为一种时尚的生活方式？

第一，品茶有利于提高人的工作效率。研究表明，茶具有一定的保健功效。法国人类食物科研所的研究报告认为："喝茶能增加人的工作效能，且持续时间甚久。"喝茶之所以能够促进大脑活动、提神益思，主要由以下因素所致：其一，茶叶中含有的咖啡碱，能刺激神经，增强肌肉的收缩力，促进心脏活动，加强血液循环，刺激肾脏、增进排泄作用；其二，茶是一种偏碱性饮料，能中和人体内过多的酸性物质，调节人体的酸碱平衡，促进细胞代谢，从而提高大脑的反应速度；其三，茶汤中其他物质的作用，比如，茶汤中的铁元素可以促进血液循环，为大脑提供充足的氧气；茶叶中的芳香类物质可以醒脑提神，消除疲劳，使人精神愉快，等等。

第二，品茶可以调整人的生活方式。如今的生活节奏越来越快，每个人都像上紧了发条的钟，处在高速和高压状态下，许多人都特别渴望能够借助一种方式调整自己，哪怕是停歇一下。品茶显然是一种合适、有效的选择。在办公室里，品茶可以调节紧张的神经；在家里，品茶可以缓解疲惫的身心。品茶能够让快节奏的生活不出现紊乱和失控，这也是当下城市里茶艺、茶道盛行的重要原因。

第三，品茶可以提升人的生活品位。“茶”字在象形上的解读是“人在草木之间”。无论是在农业时代，还是在工业时代，茶都是连接人与自然的桥梁，人们总能通过茶去感受“草木之情”，去寻找回归自然的感觉。此外，茶是色、香、味、形四美俱全之物，追求高品质生活的人们也总能从品茶中体味茶艺、茶道的精髓，比如真善美，比如淡泊明志、宁静致远等。

第四，品茶可以激发人去思考。近几十年来，茶在饮品市场上经受了三次巨大冲击：第一次是20世纪80年代的“咖啡的冲击”，第二次是20世纪90年代初的“碳酸饮料、果汁、啤酒的冲击”，第三次是21世纪初的“矿泉水的冲击”。如今看来，茶叶不仅经受住了冲击，并且在当下呈现出更加强劲的发展态势。其中一大重要原因在于品茶能够激发人的思考。鲁迅先生曾在杂文《喝茶》中写道：“有好茶喝，会喝好茶，是一种‘清福’，不过要享这‘清福’，首先就须有工夫，其次是练习出来的特别的感觉。”这种“特别的感觉”就含有思考之意。在品茶中，人们会暂时忘记俗世的烦忧，冥思生活的真谛。这或许正是许多成功人士、文人雅士爱好品茶的重要原因。

快节奏，慢生活，从品茶开始。

中国茶道是雅俗共赏之道

何谓茶道？茶道通过沏茶、赏茶、饮茶等环节增进友谊，修德美心，学习礼法，是一种以茶为媒的生活哲学和文化艺术。

中国是茶道的发源地，但是很多人并不了解茶道的发展历史。现存文献中对茶道的最早记载可追溯到唐朝。唐人封演在著作《封氏闻见记》中写道："茶道大行，王公朝士无不饮者。"唐人吕温的《三月三日茶宴序》对茶宴的优雅氛围和品茶的美妙韵味做了非常生动的描绘："乃命酌香沫，浮素杯，殷凝琥珀之色；不令人醉，微觉清思；虽五云仙浆，无复加也。"这些足以证明中国人至少在唐代或唐代以前，就将品茶作为一种修身养性之道，换言之，茶道在唐代已开始普及并规范化。

茶道的兴起与社会经济的繁荣密不可分。唐宋时期，社会安定，经济发达，人们热衷于饮茶，并对饮茶的环境、礼节、方式等十分讲究，并逐渐形成了一些约定俗成的规矩和仪式。这些构筑了茶道、茶艺的发展基础，比如，当时的茶宴就有宫廷茶宴、寺院茶宴、文人茶宴之分。

中国茶道融合了儒、释、道等多种元素，其中，儒家思想占据重要地位，其主张在饮茶中沟通思想，增进友情，营造和谐气氛。儒家的中庸之道深刻地影响了茶道的发展，儒家茶道强调适度，寓意清醒、达观、热情、亲和与包容。

中国茶道自诞生起便与佛教有着千丝万缕的联系。一千多年来，“禅茶一味”的说法广为流传。其实，茶与佛教的最初关系是：茶是僧人无可替代的饮料，而僧人与寺院也有效促进了茶叶生产和制茶技术的进步。长此以往，释与茶在思想内涵方面有了越来越多的共通共鸣。

道家学说为茶道注入了“天人合一”的哲学思想，还提供了崇尚自然、朴素、真的美学理念和重生、贵生、养生的思想。道家讲茶道，重在“茶之功”，意在保健养生，怡情养性。

在不少人的观念中，茶道是富贵人群的专享；其实，平常人家也可以享受茶道。中国茶道是雅俗共赏之道。

在古代，由于文化背景和社会需求不同，中国茶文化领域逐渐形成了四大茶道流派：贵族茶道生发于“茶之珍”，旨在夸示富贵；雅士茶道追求“茶之韵”，旨在艺术欣赏和审美体验；禅宗茶道强调“茶之德”，旨在参禅悟道；世俗茶道以“茶之味”为核心，旨在追求生活的乐趣。

这四大茶道流派并不能涵盖茶道所有的内涵与表现形式，在实际生活中，这些流派也并非完全独立，而是相互影响、相互交融的。尤其是在当代社会中，这种交融更加频繁，可谓你中有我，我中有你。可见，品茶有道，本质是人生有道，正所谓“茶如人生，人生如茶”。

饮茶之艺犹如人生之艺

何谓茶艺？茶艺原泛指种茶、制茶及至茶的冲泡品饮的技艺。茶艺和茶道有何本质区别，一直是困扰许多爱茶者的问题。笔者的理解是：茶道是道，茶艺是术。换言之，茶道无形，茶艺有形；茶道重“内”，茶艺重“外”，倘若没有以茶艺为载体的表现形式，茶道精神就难以直观呈现、快速传播。

中国茶艺萌芽于唐，发扬于宋，改革于明，极盛于清，历史悠久，自成一体。经历一千多年的发展变迁，中国茶艺中逐渐融入了中华民族“中庸、德俭、明伦、谦和”的特性，具体可以概括为四大特色：一是“酸甜苦涩调太和”的中庸之道；二是“朴实古雅去虚华”的行俭之德；三是“奉茶为礼尊长者”的明伦之礼；四是“饮罢佳茗方知深”的谦和之行。可以说，中华茶艺的背后是人生哲学，底蕴深厚，意味深长，耐人寻味。

茶艺的核心在“艺”，凭借事茶之艺，给品茶者带去美好的体验、永恒的记忆。茶艺的诞生与人们对品茶的环境、内容和精神境界的高标准、高要求密不可分。

自古以来，文人骚客喜欢用茶来激发文思，道家之人喜欢用茶来修身养性，佛家之人喜欢用茶来提神助禅。人们对品茶的环境与时机的选择特别讲究。比如，“小桥画舫”“小院焚香”“披咏疲倦”“夜深共语”，便是品茶的最佳环境与时机。在此类环境中品茶，有助于人们体悟到“山水一体、天地和谐”“寒夜客来茶当酒”等超脱境界。

除了环境，茶艺也十分重视品茶全方位体验。优质的茶叶是茶艺活动的基础，比如，唐代皇帝爱喝阳羡茶，选优质阳羡茶是当时茶艺活动的第一步。

茶艺表演是茶艺活动的文化延伸。沏泡好一壶茶不容易，表演“泡好一壶茶”更难。选茶、辨水、选具、涤器、投茶等是茶艺表演的基本功。茶艺师娴熟的泡茶技术、优雅流畅的肢体动作、特定的符号语言与清新优雅的传统音乐、适时精辟的茶艺解说，可以让观赏者进入一种虚静恬淡、天人合一的品饮境界。欣赏茶艺表演表面上是在看表演、学泡茶，实则是在动静之间洞察万物玄妙、领悟人生哲理。

当下兴起的新一轮“茶艺热”，不仅给中国茶产业的发展带来了良好契机，也为茶道精神的弘扬带来了难得机遇。

饮茶之艺犹如人生之艺。做一个有品位、有素养的人，可以从品茶开始。

贮茶是技能

茶叶具有喜清净而忌香臭等鲜明特性，这对存放茶叶的盛器内质和贮存方法有着较高的要求。自古以来，贮存茶叶一直是一个生活难题。

作为至洁之物，茶叶易受潮、易霉变、易吸收异味，一旦霉变成败茶，无论用什么方法都难以复原。为此，茶叶必须妥善贮存。

古今中外，人们对茶叶贮存方法的探索从未停止过。明代爱茶雅士冯梦祯在《快雪堂漫录》中写道："实茶大瓮，底置箬，封固倒放，则过夏不黄，以其气不外泄也。"这说明，明代就已经有了用箬叶防潮和通过密封倒放保持茶叶品质的宝贵经验。

1984 年，瑞典打捞出 1745 年 9 月 12 日触礁沉没的“哥德堡号”海船，从船中清理出被泥淖封埋了 240 年的一批瓷器和 370 吨乾隆时期的茶叶。根据卢祺义在《乾隆时期的出口古茶》一文中的描述，这批茶叶基本完好，其中一部分甚至还能饮用。茶用木箱包装，木板厚 1 厘米以上，箱内先铺一层铅片，再铺盖一层外涂桐油的桑皮纸，这样内软外硬，双层间隔的结构，全被紧紧包裹在里面的茶叶极难氧化。这一发现表明在当时中国与瑞典之间的贸易路线上，茶叶是主要商品之一，且清代的茶叶贮存技术相当先进。

贮存茶叶要根据实际情况使用不同方式，比如大宗茶叶与家用茶叶的贮存方法就不同。具体而言，大宗的茶叶贮存，除了传统的石灰块贮存法和炭贮法外，还可以用抽气充氮法、冰柜贮存法等。家用茶叶的贮存方法主要有以下五种：一是使用铁制、锡制、有色玻璃瓶及陶瓷盛器密闭贮存；二是利用石灰、木炭等干燥剂贮存；三是将茶叶放在 5 ℃以下的冰箱中贮存；四是用密封性能良好的暖水瓶贮存；五是用新而无味、无孔隙的塑料食品袋贮存。

再比如，不发酵茶、半发酵茶与全发酵茶在贮存方面也有不同讲究，下面将一一介绍。

不发酵茶类主要包括绿茶、黄茶等茶类。不发酵茶维生素含量较高且含有具有活性的营养素，最容易受到光照、潮气的影响。一旦受光、受潮，茶叶便会变色、变味、变质。

贮存绿茶必须防晒、防潮、注意隔离异味，要么放置于阴凉通风之处，要么密封冷藏在冰箱之中。

半发酵茶一般指乌龙茶（青茶），其既有不发酵茶的特性，又有全发酵茶的特性。贮存乌龙茶需在满足基本的“防晒、防潮、防异味”条件下，根据其焙火、发酵的程度来选定贮存方案，以保持茶的新鲜与品质。

全发酵茶一般指红茶。这种茶经过完整的发酵过程，已无绿茶的特性、特质。茶叶的品质与味道在发酵之后已比较稳定。但是，全发酵茶依然需要防潮、防晒、防异味，最好将其密封存放。

贮存茶叶有一条基本规律：不论是哪种贮存方法，存放茶叶的盛器都要做到避光、干燥、低温、无味。

对于品茶者、爱茶者和卖茶者而言，贮茶是一种必备技能。贮存好茶叶是泡好茶、品好茶的基础，不容忽视。

泡茶是技术更是学问

俗语云：三分茶七分水。三分好茶七分泡。人人都会喝茶，但有的人不一定会泡茶。

当前，茶叶品类繁多，质量差别明显，冲泡技术各不相同，同样的茶，不同的人泡出的茶色、茶香、茶味都有可能不同。

如何才能泡出一杯好茶，不同的人有不同的看法。笔者认为除了优质的茶叶和合适的茶具，娴熟的冲泡技巧外，想泡出好茶还必须注意另外五个基本条件：水质、水温、时间、茶量、心情。

一是水质。水为茶之母。水之于茶，犹如水之于鱼一样，鱼得好水更活跃，茶得好水则增其色、香、味。择水先择源，一般来说，水的来源决定了它的品质，水有泉水、溪水、江水、湖水、井水、雨水、雪水等之分，通常而言，只有满足“源（好出处）、活（流动）、甘（甘甜）、清（洁净）、轻（低硬度）”五个标准的水才算得上是好水。茶圣陆羽有“山水上、江水中、井水下”的用水主张。现代科学试验得出的适于泡茶的水质评价为：泉水第一，深井水第二，蒸馏水第三，自来水最差。

二是水温。水温不同，泡出的茶不仅色、香、味不同，其内含物质的浸出状况也不同。通常而言，应当用多高的水温泡茶，与制茶原料、茶叶品类密切相关，比如较粗老原料加工而成的茶叶需用沸水直接冲泡，而细嫩原料制作而成的茶叶则需用温度稍低的水冲泡。具体而言，一般绿茶宜用烧开后温度降至 80 ℃的水冲泡；乌龙茶宜将茶具烫热后再用 90 ℃以上的水冲泡；砖茶等蒸压茶宜用 100 ℃的沸水冲泡，最好是煎煮后饮用。

三是时间。茶叶冲泡的时间和次数，与茶叶品类、水温、用茶数量和饮茶习惯等有一定关系。在日常生活中，用茶杯泡饮一般红茶，每杯放干茶 3 克左右，用沸水约 200 毫升冲泡，加盖 4 至 5 分钟后，便可饮用。一般茶叶以冲泡三次为宜。如饮用颗粒细小、揉捻充分的红碎茶与绿碎茶，则可用沸水冲泡 3 至 5 分钟，待其有效成分大部分浸出之后，便可一次性快速饮用。

四是茶量。泡茶时每次茶叶用量多少，并无统一的标准，通常根据茶叶种类、茶具大小以及饮用者的习惯等而定。家庭泡茶通常是凭经验行事，一般每克茶叶可泡水 50 至 60 毫升，若茶类不同，则用量不一。倘若饮用乌龙茶，茶叶用量通常要比红茶、绿茶增加一倍左右，而水的用量却要减少近一半。如饮茶者是资深茶人，可适当加大茶量，泡上一杯浓香的茶汤；如果是初学饮茶、无嗜茶习惯的人，可适当少放一些茶，泡上一杯清香醇和的茶汤。

五是心情。好心情是泡茶人泡出好茶的关键因素之一。泡茶既是感受茶香茶韵，也是与自然对话。在茶艺世界里，有“一人得神、二人得趣、三人得味”之说，而这不正是泡茶人良好心态的体现吗？唯有在平和心态下，才能泡出口感纯净的好茶。

关于泡茶，还有很多值得书写。泡茶不仅是一种技术，更是一门学问，值得爱茶者、品茶者深入探究。

敬茶是礼节更是修养

敬茶文化是中国特有的民俗文化。自古以来，我国就有“客来敬茶”的传统。据说早在周朝，茶就被奉为礼品与贡品。三国两晋南北朝时期，客来敬茶已经成为社交礼仪。唐宋以后，以茶待客更是成为人际交往和家庭生活的日常礼节。至今，内蒙古自治区、青海省等地仍有“敬奶茶”的习俗。品茶有道，敬茶有礼。无论何时何地，饮茶、敬茶既是待人接物的一种日常礼节，也是社会交往的一项重要内容，很有讲究，不可忽视。

通常，敬茶之礼包含四个环节：备茶、取茶、敬茶、续茶。在备茶中，先准备用来泡茶的茶杯、茶壶、托盘及装茶叶的罐、盒等，茶具一定要洁净，待宾客坐定后，主动询问是否对所饮的茶有特殊的要求。取茶要用茶勺、茶匙等专用的器皿，按照茶叶的品种决定投放量，尽量不用手抓，以免手气或杂味影响茶叶的品质。敬茶时，手指不能触及杯沿，茶杯应放在宾客右手的前方。续茶时，从桌上端下茶杯，双腿一前一后，侧身把茶水倒入客人杯中，可体现举止文雅。当宾主边谈边饮茶时，要及时添加热水，体现对宾客的敬重。

为宾客敬茶时，有四个细节需要重视。

一是浅茶满酒。俗话说：酒满茶半。奉茶时，茶杯里的茶水不要太满。水温不宜太烫，以免客人不小心被烫伤。如茶水太满，不但烫嘴，还有逐客之意。

二是敬茶动作。上茶时应向在座的人说声“对不起”，再从客人的右方奉上，面带微笑，眼睛注视对方并说：“这是您的茶，请慢用！”客人应起身说声“谢谢”，并用双手接过茶托。

三是敬茶表情。敬茶时，敬茶人的表情要面带微笑、亲切端庄，以给宾客留下良好的印象。

四是敬茶顺序。敬茶时，应先端给职位高的客人或来宾中的年长者，再依职位高低端给自己的同仁，如果是同辈人，应当先请女士用茶。

茶艺活动中的敬茶还包含鞠躬礼、伸掌礼、寓意礼等礼仪内容。

敬茶礼仪的相关步骤需要在日常生活中不断练习。品茶者对茶文化的理解程度直接决定着其对敬茶礼仪的遵守程度。敬茶的每一个细节不仅体现了敬茶人对宾客的欢迎与尊重，更体现出敬茶人自身的品位与修养。

第三讲

茶人——卓尔不凡

引语

中国自古便是礼仪之邦。饮茶有道，做人有品，茶人必须懂茶礼、讲茶德。以茶会友时宽和待人、谦让礼人，是茶人的基本茶礼和茶德。茶融天、地、人于一体，是文化的象征、友谊的桥梁、和平的使者。有茶的地方，往往人杰地灵；喝茶的地方，常常群贤毕至。

茶人的素养与礼仪

喝茶不仅是一种享受，更是一种修养。茶人是茶事活动的核心，不仅是舌尖上的享受者，更是心灵上的修行者。为此，茶人需要不断提升素养，自觉遵循礼仪。

真正的茶人总能从一杯清茶中参透人生，从一缕茶香中洞见世事。真正的茶人应该具备以下六个素养。

一是文化素养。茶是一种健康饮品，更是一种文化载体。茶人应该对茶叶的品种、产地概况、制作工艺、冲泡方法、品鉴要点、文化特性等基本情况有相关了解和认知。同时，还要不断拓宽自己的知识面，丰富自己的文化涵养。

二是审美素养。审美是茶人和外界交流结缘的重要纽带。茶人应该拥有发现美的眼睛、展示美的技艺、体会美的心境，懂得欣赏茶具的美感艺术、茶席的场景布置、茶室的氛围营造，不断培育自己的审美情操。

三是情绪素养。良好的情绪是开启人生成功和幸福大门的金钥匙。茶自古以来便是调节情绪的良药。茶人应该学会情绪管理，时刻保持内心的宁静与平和，以稳定的情绪对待喝茶及与茶相关的一切，努力把急躁驱除、把烦恼化解。

四是心态素养。茶是大众饮品，也是生活哲学。品茶的过程有时也是锤炼心态的过程。茶人应该始终保持一颗“既往不恋，当下不杂，未来不迎”的平常心，不因过去的失败而自暴自弃，不因现在的成功而骄傲自满，专注当下，珍惜眼前，用心泡好每一壶茶，精心品味每一口茶香。

五是学习素养。“腹有诗书气自华，胸藏文墨怀若谷”，这是对好学者精神气质的最好赞美。时代发展的车轮滚滚向前，茶文化、茶产业、茶科技知识日新月异，茶人需要持续学习、终身学习，加快知识更新、思维创新，从而跟上时代的步伐，成就更好的自己。

六是道德素养（品德修养）。“借茶修身，以茶养德”是弘扬茶道文化的应有之义。茶人需要加强自身品德的修炼，始终保持真诚、礼貌、谦逊、优雅的良好品质，把“做事一丝不苟，做人一尘不染”作为人生的价值准则。

喝茶礼仪是茶文化的重要组成部分，在家庭、社会交往中发挥着十分重要的作用。茶人一定要懂得礼仪、重视规范，深刻理解并务实践行“无茶不成礼，无礼不喝茶”的价值理念。关于喝茶礼仪，真正的茶人应该注意以下六个方面。

一是斟茶礼仪。“茶满欺客，酒满敬人”是中国古代的一种传统民俗，饱含着先辈社交礼仪之精髓。茶水倒得过满，不仅不方便握杯品尝，还可能烫伤客人，甚至导致茶杯滑落，让客人尴尬。斟茶只需七分满，表达的是“七分茶三分情”的深刻内涵。

二是敬茶礼仪。为表达尊重和礼貌，端茶给客人时，必须使用双手。切忌只用一只手递茶给客人，这会显得非常不礼貌。双手端茶时，也要注意姿势。对于有杯耳的茶杯，应该一只手抓住杯耳，另一只手托住杯底，然后将茶端给客人。当然，现在很多社交场合都是使用托盘来端茶，这样操作起来就会显得更加方便和礼貌。

三是换茶礼仪。品茶之时，若有新客到访，应立刻换上新茶，重新沏泡，以表敬意。倒好茶后，应先请这位新客品尝，并征求品茶后的评价。

四是续茶礼仪。在茶宴中，需密切观察客人喝茶的节奏。当客人茶杯中的茶水快喝完时，要及时为客人续茶，切忌将茶壶嘴对着客人。若客人杯中尚留半杯，即暗示“暂不需要续茶”之意；若客人杯中茶汤已凉，要及时为客人倒掉，并为其倒入热茶；若客人杯中的茶汤经过几次冲泡后变得淡薄无味，要及时更换新茶叶，并询问客人是否需要品尝其他茶类。

五是品茶礼仪。主人泡好茶后，往往会端起公道杯让客人闻香。此时，客人需用双手接过公道杯，轻轻地闻香，并给予简单点评，以表示对主人的尊重，切不可将公道杯拿在嘴边，边闻边说话，以免把自己的唾液溅到公道杯中。在品茶时，应该用大拇指与食指拿住杯口下方位置，中指托住品茗杯底部慢慢品茶，既要让茶水稳当地倾倒出来，又要避免手指碰到嘴唇，保持干净卫生。在喝茶交流过程中，不可大声喧哗、手舞足蹈，而要时刻保持优雅的谈吐和举止。

六是谢茶礼仪。当客人喝完茶后，主人要向客人表示感谢，道一声“谢谢品尝”，或用微笑和点头表示谢意。茶宴中有“扣指礼”，又称“扣手礼”或“扣茶礼”。当长辈为晚辈倒茶时，晚辈可以五指合拢成拳，一起敲向桌面，连敲三下，象征“五体投地”。如果连敲九下，即表示对其的崇高敬意，寓意“三跪九叩头”。对于同辈或同事倒茶，可以食指和中指并拢，轻敲桌面三下，代表“谢谢”的意思。对于关系亲密的朋友或年龄相仿的人倒茶，食指轻点一下或几下即可，既表达了“感谢”之意，又体现了朋友之间的亲密无间。

神农氏：中华茶祖的茶叶发现之旅

茶是中华民族最早发现且享用的饮料，比可可、咖啡作为饮料的历史都早。谁为中华茶祖？茶学界与茶文化界一直都在争论和探讨。茶圣陆羽在《茶经》中写道：“茶之为饮，发乎神农氏，闻于鲁周公。”由此，主流的观点是将神农氏视为中华茶祖。

传说中的神农氏，为太阳神、火德王，是远古三皇之一的炎帝。炎帝神农氏曾建都于陈（今河南淮阳），并被后世尊为农业之神。神农氏人身牛首，三岁即知稼穑，长成后，身高八尺七寸，龙颜大唇，而且有一个透明的肚子。他常跋山涉水，到深山野岭去采集草药，尝遍百草，每当他将新发现的植物吃下去后，那个透明的肚子里就呈现出不同的颜色，人们可根据那些颜色判断出哪些植物有毒，哪些植物可以作为粮食作物，哪些植物可以治病。

后人依托神农氏之名撰写了《神农本草经》，记述了他发现茶的过程：“神农尝百草，日遇七十二毒，得荼而解之。”这个荼就是茶。传说有一天，神农氏在采药时尝到了一种有毒的草，顿时感到口干舌麻，头晕目眩。他赶紧来到一棵大树下背靠而坐，闭目休息。此时，一阵风吹来，树上落下几片绿油油的带着清香的叶子，他顺手拣了几片放在嘴里咀嚼，发现叶子在肚子里到处流动，遇毒就解，把肚子里的毒素化解得干干净净。随后，一股清香油然而生，他顿时感到舌底生津，精神振奋，中毒引发的不适被一扫而空。他感到十分奇怪，便又拾起几片叶子细细观察，发现这种树叶的叶形、叶脉、叶缘均与一般的树叶不同。于是，他采集了一些叶子带回去细细研究，并把这种植物称为“查”。到唐朝时，人们对茶的认知显著提升，认识到茶树属于木本植物而非草本植物，便将“禾”字改成“木”字，从而使“荼”字去掉了一笔，最终演变成了我们今天所熟知的“茶”。

关于神农氏发现茶叶，还有另外一个传说。据说，神农氏在遍尝百草的过程中，忽然感觉到口渴，于是就在一棵野茶树下煮水喝。一阵微风吹过，几片翠绿的野茶树叶飘落到即将烧开的水中。水开之后略呈淡黄色，神农氏喝过后顿觉神清气爽，浑身舒坦。他便把这种叶子命名为“茶”。“茶”由此被发现。

在传说中，神农氏除了发现茶，还为百姓办了许多好事。比如，教先民们开展农业种植，人们得以丰食足衣；教先民们做乐器，人们懂得了礼仪；为了让百姓摆脱疾病之苦，他尝遍了各种药材，以致一日中毒多次。神农氏是中国古代先民的典型代表，神农传说中的种种发现和发明，也是那个时期人民劳动智慧的结晶。

神农氏的茶叶发现之旅或许只是一个神话传说，但这个传说展现了悠久灿烂的中华文明，也体现了底蕴深厚的医药文化。从神农氏身上，我们深刻领会了“心忧天下，敢为人先”的奉献精神。2009 年 4 月 10 日，湖南省人民政府倡议把每年的“谷雨节”定为“中华茶祖节”，并举办相关纪念活动来祭奠茶祖，弘扬神农氏的奉献精神。

神农时代，中华民族的祖先就已经发现了茶，在漫长的历史发展中，人们经过长时间的实践探索后，就把对茶的认识融入神农氏的传奇故事中，一直流传至今。

诸葛亮：三国茶祖兴茶种茶的传奇故事

自古以来，人们对诸葛亮的认知大多集中在其足智多谋，为蜀汉鞠躬尽瘁方面。其实，诸葛亮在兴茶种茶方面的贡献同样功不可没。

川陕交界的陕西勉县小河庙乡，有一座三圣庙，供奉的是诸葛亮、陆羽和药王孙思邈三位圣人。这个茶乡的老百姓将这三位似乎毫不相关却与茶联系密切的人供奉在一座庙里，在全国寺庙中当属罕见，但其中的深意却显而易见，那就是当地人饮水思源，对与茶相关的人物十分敬重。在云南，很多茶乡，特别是普洱茶产区不仅祭拜茶祖神农氏、茶圣陆羽，还祭拜诸葛亮。

诸葛亮为何被誉为三国时代的茶祖？这背后不仅有其种茶兴茶的故事，还有他治病救人的传说。

据说，诸葛亮南征时曾给西南少数民族带去了多种农作物种子及种植技术，其中包括茶叶。诸葛亮军队携带的茶树一经在西南地区推广种植，茶叶的除湿排毒、降火祛寒、健脾和胃等功效很快就为人们所了解和认同。种茶、吃茶、饮茶之风迅速兴起。

传说中，诸葛亮之所以重视茶叶种植与生产，还与他自身的疾病有关。当时，诸葛亮患了一种肺病，那时的医疗条件有限，因而很难治愈。一次，诸葛亮在睡梦中梦见了一位老人，这位老人告诉他可以用小河庙的老茶树叶作药引进行治疗。喝了茶汤后，诸葛亮的肺病竟痊愈了。后来，诸葛亮为了感谢神明指点迷津，在茶山设坛祭拜，推广茶叶种植。如今，陕西勉县的茶山上还遗存着几棵传说是当年诸葛亮拜祭过的千年古茶树。

关于诸葛亮兴茶种茶，还有另一个传说。云南西双版纳一带原本无茶，诸葛亮带兵南征时来到此地，士兵们因水土不服而患上了眼病。诸葛亮将拐杖在地上一拄，拐杖转眼间变成茶树，生长出翠绿茶叶，士兵们摘叶煮水喝，并用茶水洗眼，眼病很快就痊愈了。自此，南糯山便有了茶叶。当地人称南糯山为“孔明山”，称茶树为“孔明树”，尊孔明为“茶祖”。孔明生日那天，当地人要饮茶、赏月，放孔明灯。西双版纳古老茶区勐腊县海拔 1900 米的孔明山上，现存多株高达 9 米的茶树，相传是诸葛亮军队南征时撒籽成茶留下的。

如今的普洱市，原称思茅市，据说“思茅”之名就源自诸葛亮。诸葛亮南征至此，因思念南阳家乡的茅庐，便把此地命名为“思茅”。每年农历七月二十三日（传说为诸葛亮的生日），普洱市都要举行“茶祖会”，祭拜诸葛亮，弘扬茶文化。

民间关于诸葛亮兴茶种茶的典故与传说还有许多，这不仅反映了民众对诸葛亮为茶叶发展作出的贡献的认可和纪念，也反映了内地与边疆的文化交流与文明共享。在茶文化传播中，中国茶人不应该忽略诸葛亮兴茶种茶这浓墨重彩的一笔。诸葛亮被誉为三国时代的茶祖，也是实至名归。

孙皓：提出以茶代酒第一人

酒在中国传统文化中占据着十分重要的地位。自古以来，酒楼、酒宴、酒水等与人们的日常生活密不可分。曹操的《短歌行》、李白的《将进酒》、王维的《送元二使安西》等，都是千古杰作。

由于体质等方面的原因，不同人对酒的接受程度不尽相同，有的人千杯不醉，有的人一杯即倒。正因如此，“以茶代酒”便成了社交活动中既能避免自己喝酒，又不会驳劝酒者面子的特殊礼节。据说，最早提出“以茶代酒”的人是三国时期东吴末代君主孙皓。

孙皓是废太子孙和的儿子。由于东吴大臣韦曜曾辅佐过孙和，孙皓即位后很快将已经年逾花甲的韦曜封为高陵亭侯，继续主持《吴书》的修撰工作。

登基的次月，孙皓便追尊自己的父亲孙和为文皇帝，希望韦曜将孙和的传记归为“纪”。按照《史记》和《汉书》的惯例，“纪”是帝王传记的专属称谓，而孙和生前仅是太子，没有登上帝位，于是韦曜表示难以从命，只愿意为孙和作“传”，不能立本纪。这件事情让孙皓记恨于心。

孙皓喜好设宴款待群臣，但又生性霸道。据《三国志·韦曜传》记载，当时孙皓强制规定每个参加宴席的人至少要喝七升酒，每次斟满杯后，要举杯一饮而尽，并亮杯说“干”，喝不下去者就硬灌。韦曜年老体衰、身患疾病，酒量不过两升，显然达不到宴席的酒量要求。孙皓刚即位时对韦曜非常敬重，并给予优待，担心他不胜酒力出洋相，便暗中赐给他茶水代替酒。于是，在宴席上，酒量不大的韦曜总是能和群臣一样干杯，轻松达到“喝酒七升”的要求，这便是“以茶代酒”的由来。

然而，由于韦曜后来多次拒绝为孙和立本纪，盛怒之下的孙皓便不再允许他以茶代酒，而是逼迫他每次都喝足七升，否则就加以惩罚。为求自保，韦曜主动请求辞去侍中、左国史等职务，只希望临终前能够完成自己倾注半生心血的《吴书》，但孙皓并没有答应他的辞官请求。

东吴凤凰二年（公元273年），孙皓借口韦曜“忤旨”，把韦曜关进了大牢，强加的罪名是“不承诏命”，并于次年下令处死了他。

孙皓贪图享乐、残暴不仁、治国无方，为后人所唾弃，不过，孙皓刚继位时让韦曜“以茶代酒”，以此维护韦曜颜面之举还是有可取之处的。

千百年来，“以茶代酒”作为体面高雅之事，既维护了对方的面子，也保护了自己的尊严，成为各类社交场合中不可或缺的礼节。这也更加体现了茶在宴会文化中的重要地位。

陆羽：为茶叶而生，为《茶经》而狂

提及陆羽，人们自然就会联想到茶，后人尊称他为“茶圣”。陆羽之前，“茶”字总被写为“荼”。有了陆羽，“茶”字和茶学才真正被社会认可。

唐开元二十一年（公元733年），陆羽出生于竟陵郡（今湖北省天门市）。唐代的竟陵郡河渠纵横，是“处处路旁千顷稻，家家门外一渠莲”的鱼米之乡。然而，出生于鱼米之乡的陆羽却一生坎坷。也正是不同于寻常人的经历，铸就了陆羽传奇的一生。

陆羽是一个被遗弃的孤儿。唐开元二十三年（公元735年）的一天清晨，竟陵龙盖寺住持智积禅师在湖边散步，忽然听到一阵雁叫，转身望去，不远处有一群大雁紧紧相围。他匆匆赶去，只见一个小孩蜷缩在大雁羽翼下，不停颤抖。

智积禅师念了一声“阿弥陀佛”后，快步把小孩抱回寺庙。据《新唐书·陆羽传》记载，陆羽年龄稍长时，就以《易》占卦辞，引用“鸿渐于陆，其羽可用为仪”，给自己定姓为“陆”，取名为“羽”，字鸿渐。

在智积禅师的养育下，陆羽学文识字，习诵佛经，煮茶伺汤，样样潜心，但就是坚持不愿削发为僧。智积禅师为使陆羽听从，就用打扫寺院、清洁厕所、练泥糊墙等各种杂务来磨炼他。陆羽备尝艰辛，却依然不肯就范。由于一直在寺院里采茶、煮茶，陆羽对茶学产生了浓厚兴趣，并有志于撰写一部茶学专著。十一岁时，陆羽乘人不备，逃出寺院，到一个戏班子里做了优伶。虽然其貌不扬，而且还有口吃的毛病，但陆羽凭借诙谐善辩的特长，在戏剧中扮演丑角，深受观众欢迎。

当演员只是一段插曲，陆羽的一生注定要与茶叶相伴。天宝年间，时任竟陵太守李齐物在一次州中酒宴上看到陆羽，于是赠以书，其后陆羽就居住于火门山。唐天宝十一载（公元 752 年），诗人崔国辅被贬为竟陵司马，陆羽因此与之结识，此后数年间，二人常一道品评茶水。

唐天宝十四载（公元 755 年），安史之乱爆发。陆羽随着流亡的难民离开故乡，流落到名茶产地浙江湖州。这一时期，陆羽搜集了不少有关茶的生产、制作的资料，结识了著名诗僧皎然，并与诗人皇甫冉、皇甫曾兄弟结下深厚友谊。

在众位诗人的熏陶下，陆羽自然地把茶与艺术结为一体。经过多年努力，陆羽终于写出了我国第一部茶学专著《茶经》的初稿。之后，陆羽又对《茶经》作了几次修订。《茶经》的完成，前后历时十几年。

《茶经》全书七千余字，分为上、中、下三卷，共十章节，系统总结了唐朝中期以前茶叶发展、生产、加工、品饮等方面的情形，并深入发掘饮茶的文化内涵，从而将饮茶从日常生活习惯提升到了艺术审美层次，是中国历史上最早、最全、最完整的系统总结唐朝及唐朝以前有关茶事的综合性茶学著作，也是世界历史上第一部茶学百科全书。截至目前，日本境内流传的《茶经》版本已有20多种。除日本外，《茶经》在韩国也有广泛传播和影响。此外，美国、英国、意大利、法国、德国等均有《茶经》译本。《茶经》在海外广泛传播、备受欢迎，为世界茶产业和茶文化发展作出了重要贡献。

在唐代，茶学等学问是难入主流的“杂学”。陆羽却持之以恒地研究茶学，并终成大器。陆羽所创造的一套茶学理论、茶艺、茶道思想，以及他所著的《茶经》，历经千年而不衰，为中国茶文化的发展与繁荣作出了举足轻重的贡献。《茶经》的问世，让日常饮茶行为演变成富有诗情画意的文化现象和生活美学。正如北宋诗人梅尧臣所言“自从陆羽生人间，人间相学事春茶”。

陆羽的茶学研究让人推崇，其个人品格更值得崇敬。陆羽创作了至今仍为人们所传颂的《六羡歌》："不羡黄金盏，不羡白玉杯；不羡朝入省，不羡暮登台；千羡万羡西江水，曾向竟陵城下来。"这首诗深刻展现了陆羽鄙夷权贵、不重财富、坚持正义的独特个性和高尚品格。可见，尊陆羽为"茶圣"既是对他精湛学问的赞许，也是对他高尚人格的致敬。

颜真卿：提携陆羽著《茶经》

唐代书法大家颜真卿擅长行、楷，开创的“颜体”楷书，对后世影响深远。颜真卿一生爱茶如命，并与小他 24 岁的茶圣陆羽因茶结缘，后来发展成为“顶级茶友”，共同演绎了“一生为墨客，几世作茶仙”的历史佳话。

颜真卿为人刚正不阿，多次遭到排挤贬黜。为释放心中的郁闷和不快，他寄情于茶学研究。十分难得的是，他在种茶、采茶、制茶、煮茶等方面样样精通，并且对茶史、茶文化有着独到的见解。

传说在唐天宝八载（公元 749 年），担任监察御史的颜真卿与平民茶士陆羽收集了权臣李林甫、杨国忠陷害太子、残害忠良的犯罪证据。正在他们苦于无法将真相告知皇帝之时，唐玄宗李隆基钦点颜真卿、陆羽二人于三月三日觐见，并表演茶艺。当天，颜真卿抚琴弹奏《流水》，陆羽点炉煎煮茶汤，精彩演绎了“鱼目初升”“涌如连珠”“腾波鼓浪”等“三沸”茶艺文化。琴止音落之时，陆羽把香气四溢的茶汤呈献给唐玄宗品尝，同时讲解茶的种植、生产、制作流程、功效及相关历史典故。一琴一茶，琴茶同台，让李隆基龙颜大悦，拿出蒙顶贡茶给陆羽煎煮以表认可和谢意。借此良机，颜真卿、陆羽二人巧妙地举报了李林甫、杨国忠陷害忠良之事，成功拯救太子并让正直的大臣得以平反。据《新唐书·颜真卿传》，天宝八载时颜真卿本任殿中侍御史，因得罪杨国忠被外放为平原太守，而此时的陆羽尚在竟陵郡一带活动，二人应当尚未结识。由此可见，颜真卿、陆羽二人“抚琴献茶联手救忠良”的故事应当是后人虚构的传说，但作为一种文化表达，仍具有积极意义，令人称赞，千古传颂。

安史之乱期间，颜真卿因才干一度入朝为官，后来又被宰相元载排挤赶出朝廷。唐大历三年（公元 768 年），颜真卿改任抚州刺史。担任抚州刺史期间，颜真卿在茶学研究和茶事推广方面实现了重大突破。唐大历七年（公元 772 年），颜真卿调任湖州刺史，陆羽和颜真卿应当就是在此时相识的。当时，皎然和陆羽寓居于湖州杼山妙喜寺，颜真卿仰慕他们的诗名和茶名，经常与之一起品茗吟诗。在评茶交流的过程中，颜真卿与陆羽、皎然成了忘年交。三人经常聚会、品茶、吟诗、诵经，交流书法，参禅悟道，别有一番雅趣。

颜真卿自进入仕途起，便萌生了聚集当世英才，共同编纂一部《韵海镜源》辞典的宏愿。唐大历八年（公元 773 年），颜真卿邀请皎然、陆羽等 54 位（一说 58 位）文士续撰《韵海镜源》辞典。陆羽等人负责校理文字、增补遗漏等事宜。陆羽此前已经完成了《茶经》的初稿，颜真卿此举为陆羽提供了相对稳定的环境，使他能够继续修订完善《茶经》。

大历八年冬十月二十一日，恰逢癸丑年、癸卯月、癸亥日，陆羽在妙喜寺设计建造的茶亭正式落成，他恳请颜真卿题名，颜真卿以“三癸亭”命名此亭，并欣然挥毫书写茶亭匾额。挂匾当日，颜真卿、陆羽、皎然三人登亭，品茶论道，登高望远。从此以后，颜真卿常在忙完公务之后来到三癸亭，与陆羽等人煮茶品茗，畅谈茶事，远离烦恼，怡情养性，于是，其仕途生涯中留下了美好的湖州茶事记忆。

颜真卿在诗作《题杼山癸亭得暮字》中写道：“欻构三癸亭，实为陆生故。”诗中直接点明该亭是为陆羽所建。虽然三癸亭只是一座小草亭，从中却能看出颜真卿对于陆羽这位雅士的高度认可。 1993 年，湖州重建三癸亭，并邀请中国知名佛教学者、书法家赵朴初书写亭额，这一举措续写了茶史上的佳话。

唐大历九年（公元 774 年）三月，颜真卿偕陆羽、皎然、李观等数十位名士，在长兴县竹山寺潘子读书堂聚会，品茶吟诗，创作联句。陆羽作的联句是“万卷皆成帙，千竿不作行”，皎然作的联句是“水田聊学稼，野圃试条桑”，李观作的联句是“读易三时罢，围棋百事忘”……当时，这些联句均由颜真卿亲手书写，并收入颜氏《水堂集》，成为经典茶诗。

试想：倘若陆羽没有遇到颜真卿、皎然等贵人挚友，他的人生将会是什么样的景象？一代书法大家颜真卿与一代茶圣陆羽，以茶为媒，拜友为师，相互成就，为后人作出了积极示范，必将为人们世代传扬。

皎然：佛门茶事的集大成者

自古名山多寺院，寺院僧人多爱茶，茶佛相融多和谐。作为南朝山水诗创始人谢灵运的十世孙，皎然博学多识，才华横溢，既是一位诗僧，也是一位茶道先驱，在佛学、茶学、文学等方面均有较高造诣。皎然著有代表作《皎然集》十卷和诗论系列《诗式》《诗议》《诗评》等，传说他另有茶道著作《茶决》，但遗憾失传。

皎然自小出家为僧，不仅以诗文闻名于世，同时也以茶人的特殊身份活跃在历史记载中。皎然是唐代诗名最高的僧人，也是唐代诗人中现存茶诗第二多的诗人，仅次于白居易。

安史之乱爆发后，陆羽随着受战争影响的难民一路东迁。据说，他曾走到湖州吴兴杼山妙喜寺，在寺庙中讨水喝。喝完僧人递上的茶后，陆羽感到口味独特、唇齿留香，急忙找人询问这茶是哪位高僧泡的。一打听，他才知道泡茶的人就是鼎鼎大名的诗僧皎然。从此，两人结下不解之缘，成为挚友和茶友。两人寓居杼山妙喜寺，朝夕相处，煮茶品茗，吟诗作文，长达数年之久。后来，陆羽归隐天目山旁的苕溪茶山，两人仍往来密切。皎然寻访、送别陆羽及和陆羽聚会的诗作，仅被《全唐诗》收录的就有十多首。在唐代所有诗人中，皎然是歌咏陆羽较多的诗人之一。

皎然在《九日与陆处士羽饮茶》一诗中写道："九日山僧院，东篱菊也黄；俗人多泛酒，谁解助茶香。"该诗的意思是："九月九日重阳节在山上的僧院里，看到东边篱笆旁的菊花变黄了。世俗的人大多喜欢喝酒，有谁真正知道茶是多么香呢？"我们从诗中可以感受到皎然对茶文化的推崇。

皎然一生淡泊名利，豁达率真，不喜欢迎来送往的俗套。他在《赠韦早陆羽》中写道："只将陶与谢，终日可忘情。不欲多相识，逢人懒道名。"该诗的大意是："每天品读陶渊明和谢灵运的诗篇，就可以忘却俗世的烦恼。不想去交际，遇到别人也懒得说出自己的名字。"在诗里，皎然把韦早、陆羽比作陶渊明、谢灵运，愿意和他们交往。

皎然创作的有关陆羽的诗篇还有《寻陆鸿渐不遇》《访陆处士羽》《赋得夜雨滴空阶，送陆羽归龙山》等，均表达了自己与茶友之间深厚的感情。

皎然与大书法家颜真卿、诗僧灵澈上人的交情也很深厚，传言，他还收了唐代大文学家刘禹锡为徒，他们一起开创了中唐时精彩的茶诗盛宴。

皎然关注茶事，不只表现为创作茶诗，他还对茶的种植、采摘、生产等各个环节和茶文化都进行了深入研究。他在茶诗《饮茶歌诮崔石使君》中写道："一饮涤昏寐，情思朗爽满天地。再饮清我神，忽如飞雨洒轻尘。三饮便得道，何须苦心破烦恼。"该诗生动描绘了一饮、再饮、三饮的感慨，盛赞茶道人生的艺术境界。

皎然在茶诗《饮茶歌诮崔石使君》的最后写道："孰知茶道全尔真，唯有丹丘得如此。"谁能知道饮茶得道的真意呢？只有传说中的仙人丹丘子真正懂得茶中之道。皎然在诗中把品茶上升到精神层面，正式提出了"茶道"概念，并把儒、释、道的思想融入其中，进一步丰富了茶道的内涵。

"茶道"概念的提出，对茶文化的发展具有重要意义，是茶文化理论的一个重要突破。

皎然在诗歌创作、茶道理论和佛门茶事的实践与推广方面成就卓越，他将茶道与禅修、诗歌紧密结合，推动了茶文化的精神升华。

白居易：既是诗茶大师，也是制茶高手

茶最初为草药，伴随社会发展演变为随性之物，既能进坊街市井，也能登大雅之堂。在寻常百姓家，茶可以与“柴米油盐酱醋”为伍；在文人骚客处，茶可以与“琴棋书画诗酒”为伴。

如今，茶叶在人们的生活中司空见惯，我们不能忘记那些曾经把茶文化传入寻常百姓家的文豪大家们，唐代诗人白居易就是其中的一个杰出代表。他在茶文化的推广和普及方面作出了重要贡献，使茶与酒在诗坛中并驾齐驱、相得益彰。

白居易自幼聪颖绝人，传说他在半岁时便能分辨“之”“无”二字；五六岁时学作诗；九岁时已熟谙声韵；十五岁知有“进士”之名后，便勤奋苦读，于唐贞元十六年（公元

800 年）中进士。白居易除了喜欢喝酒吟诗外，终日与茶相伴，据说他早饮茶、午饮茶、夜饮茶、酒后索茶，有时睡前还要品茶。他不仅爱饮茶，而且善于鉴别茶的品质，为此，朋友们称他为“别茶人”。

白居易为何好茶一直是一个谜。有人说，因朝廷曾下禁酒令，长安酒贵；有人说，因中唐后贡茶兴起，品茶乃时尚……白居易对茶的深厚感情或多或少与这些因素相关，但更为重要的原因，大约是他不仅受益于茶叶的物理功效，还从茶叶中得到了精神满足。

白居易爱好饮茶，更喜欢用茶诗抒发情怀。据统计，白居易的诗今存 2800 首，其中茶主题的有 8 首，而叙及茶事、茶趣的则有 50 多首。比如，《琵琶行》是白居易笔下的千古名诗。该诗对琵琶女的身世深表同情，对封建社会摧残妇女的罪恶深感不满，而该诗也为茶史研究留下了一段重要的素材：“弟走从军阿姨死，暮去朝来颜色故。门前冷落鞍马稀，老大嫁作商人妇。商人重利轻别离，前月浮梁买茶去。去来江口守空船，绕船月明江水寒。”白居易对茶叶、水、茶具和煎茶的火候等都有特别讲究，于是写诗曰：“坐酌泠泠水，看煎瑟瑟尘。无由持一碗，寄与爱茶人。”他喜爱用山泉和雪水煮茶，于是写诗曰：“吟咏霜毛句，闲尝雪水茶。”

白居易的朋友知道他爱茶，便从各地给他邮寄茶叶。白居易任江州司马时，曾收到四川忠州刺史李宣寄来的一包新茶。正在病中的他品后欣喜若狂，顿感病情好转许多，即刻赋诗一首：“故情周匝向交亲，新茗分张及病身。红纸一封书后信，绿芽十片火前春。汤添勺水煎鱼眼，末下刀圭搅麴尘。不寄他人先寄我，应缘我是别茶人。”从这首茶诗中不难看出白居易收到新茶时的高兴心情，以及对朋友赠茶的深深的感激之情。在江州任职期间，白居易闲暇时还开垦荒地，亲自种茶，吟诗品茶，听飞泉，看白莲，让遭贬的时光变得悠然自得。

据说白居易不仅是诗茶大师，也是制茶高手。公元820年，48岁的白居易从忠州刺史任上被召回长安，调任尚书司门员外郎。在长安任职期间，白居易以茶诗会友。据说有一次，他与多位朝官聚会时，让自家茶师秘焙茶叶，给大家品茗，赢得满堂赞誉，“乐天此茶，文可消燥，武可清火，朝堂六班，皆相宜也”。白居易秘制的香茶就是传说中的“六班茶”。

自古以来，茶一直是沟通儒、释、道等各家思想的媒介，也是传播儒、释、道等各家文化的载体。儒家以茶修德，道家以茶修心，佛家以茶修性，其本质都是借助茶净化思想、纯洁心灵、修身养性。白居易创作的许多茶诗也体现了这些思想。除此之外，茶助文思、茶助诗兴、以茶醒脑、以茶会友的文化特性也在香山居士的茶诗中表现得淋漓尽致。

纵观白居易的一生，用“一日不可无茶”来形容也不为过。招待朋友，小饮茶；无事可做，煮茶饮；早起，煎香茗；午休后，饮两瓯茶；醉酒后，索茶饮……这些细节足以表明茶在白居易日常生活中的地位举足轻重。

曾经，白居易用茶诗把茶文化传入寻常百姓家，是品茶吟诗相结合的伟大实践者；如今，我们吟着白居易的茶诗品茶论道，别是一番滋味在心头。

卢仝：一首茶诗成就千古绝唱

在中国数以千计脍炙人口的咏茶诗中，知名度最高、影响力最大的当属唐代诗人卢仝的咏茶名作——《走笔谢孟谏议寄新茶》，又名《七碗茶歌》。虽然卢仝在群星璀璨的唐代诗人名录中并不十分出众，但他的《七碗茶歌》却在茶诗领域独领风骚，堪称千古绝唱。

卢仝的祖上曾是名门望族，可到了卢仝这一辈，卢氏家族早已没有了昔日的富贵与荣耀。唐贞元十一年（公元 795 年），卢仝生于济源市，他家境贫寒，自幼刻苦读书、博览经史、工诗精文，却不愿仕进，遗有《玉川子诗集》传世，被世人尊称为“茶仙”。

卢仝在青少年时期一直处于漂泊流离之中。卢仝生活的村子里有一座石榴寺，兼作当时的村学，卢仝从小就在这里上学。寺里的僧人每天煎茶喝茶，卢仝耳濡目染、边学边做。久而久之，卢仝就爱上了喝茶。卢仝十六岁时，被母亲送到扬州的叔叔那里学做茶叶生意。在扬州闲暇之时，卢仝会去禅院拜见礼佛的禅师，并与禅师一起参禅修心。这些难得的经历，让卢仝对茶有着比常人更为深刻的理解。

卢仝少有才名，一度隐居于河南嵩山少室山。朝廷曾征召他为谏议大夫，被拒绝。他曾作《月蚀诗》，讽刺当时的宦官专权，受到时任河南令韩愈的赞赏。唐文宗在位期间爆发“甘露之变”时，宦官仇士良诛杀文武百官，株连者达千人以上。当时，卢仝留宿于宰相王涯家，与王涯同时被宦官所害，年仅四十岁。他的好友、著名诗人贾岛曾在《哭卢仝》一诗中感慨：“平生四十年，惟著白布衣。”

卢仝好饮茶，亦好吟诗。卢仝诗风浪漫却奇诡险怪，被人们称为“卢仝体”。《七碗茶歌》是他品尝好友、时任谏议大夫的孟简所赠新茶之后的即兴之作。虽然全诗仅有 262 字，却是诗人直抒胸臆、一气呵成的千古名篇，抒发了诗人对茶的无限热爱与赞美之情：

日高丈五睡正浓，军将打门惊周公。

口云谏议送书信，白绢斜封三道印。

开缄宛见谏议面，手阅月团三百片。

闻道新年入山里，蛰虫惊动春风起。

天子须尝阳羡茶，百草不敢先开花。

仁风暗结珠琲瓃，先春抽出黄金芽。

摘鲜焙芳旋封裹，至精至好且不奢。

至尊之余合王公，何事便到山人家？

柴门反关无俗客，纱帽龙头自煎吃。

碧云引风吹不断，白花浮光凝碗面。

一碗喉吻润，两碗破孤闷。

三碗搜枯肠，唯有文字五千卷。

四碗发轻汗，平生不平事，尽向毛孔散。

五碗肌骨清，六碗通仙灵。

七碗吃不得也，唯觉两腋习习清风生。

蓬莱山，在何处？

玉川子，乘此清风欲归去。

山上群仙司下土，地位清高隔风雨。

安得知百万亿苍生命，堕在颠崖受辛苦。

便为谏议问苍生，到头还得苏息否？

这首诗主要表达了三层意思：开头部分写谏议大夫孟简派人送来至精至好的新茶，感叹本该是天子、王公才有的享受，如何落到了寻常人家，有受宠若惊之感；中间部分叙述诗人反关柴门、自煎自饮的饮茶情景和感受，一连喝了七碗茶，便深感两腋清风、飘飘欲仙；结尾部分表达了为苍生请命的呼声，诗人希望养尊处优的达官贵人在享受至精至好的茶叶时，也要想到茶叶是茶农冒着生命危险、攀悬崖峭壁采摘而来的。卢仝写下这首诗，不仅是在推崇茶叶的神功奇效，更是想表达对茶农的深刻同情。

《七碗茶歌》对后世的茶文化产生了巨大影响，自宋以来一直是人们吟唱茶的重要诗作。文人骚客嗜茶擅烹，每每拿“卢仝”“玉川子”作参照，比如，宋代大文豪苏轼曾言：“何须魏帝一丸药，且尽卢仝七碗茶。”明代文学家胡文焕曾感叹道：“我今安知非卢仝，只恐卢仝未相及。”清代名流汪士慎（号巢林）曾说：“一瓯瑟瑟散轻蕊，品题谁比玉川子。”

卢仝的《七碗茶歌》在日本也广为传颂。日本人对卢仝推崇备至，常常将他与“茶圣”陆羽相提并论。

范仲淹:《斗茶诗》里扬茶风

宋代茶风盛行，一方面源于继承了五代十国时期民间饮茶的遗风，另一方面与繁荣的社会经济文化发展息息相关。宋朝延续前朝制度，在福建建安北苑设置贡茶院。

宋太平兴国二年（公元 977 年），朝廷开始派贡茶使到建安北苑督造贡茶，并特颁龙凤团茶的模具，专制龙凤饼茶。这是北宋龙凤贡茶制度化的开端。建安北苑成为当时最负盛名的茶乡。

随着贡茶的快速发展，斗茶从宫廷延伸至民间，开始风靡大江南北。在《岳阳楼记》中提出“先天下之忧而忧，后天下之乐而乐”的名臣范仲淹就十分爱茶并擅长茶事。从范仲淹的《和章岷从事斗茶歌》等茶诗名作中，人们可以读懂和感受他浓厚的茶叶情结。

出生于福建浦城的官员章岷熟悉茶并擅长茶艺，宋景祐元年（公元1034年），他写了一首斗茶主题诗，诗中描写了宋代建州茶人斗茶的场景，引起了时任睦州知州范仲淹的极大兴趣。随即，范仲淹唱和一首《和章岷从事斗茶歌》，一时引起宋代士人群体的强烈反响，并成为中国历史上描写斗茶文化的千古名作。

《和章岷从事斗茶歌》是描写制茶、斗茶和品茶的经典茶诗，脍炙人口，生动鲜活，清新明快。该诗发出的“众人之浊我可清，千日之醉我可醒”的感悟，提醒人们“即便众人混浊，但茶能让我的内心保持清澈；即便众人长久沉醉，我也能保持清醒”。特别是范仲淹在诗的最后写道：“长安酒价减千万，成都药市无光辉。不如仙山一啜好，泠然便欲乘风飞。君莫羡花间女郎只斗草，赢得珠玑满斗归。”大意是，茶的滋味胜过酒，且功效很显著，茶叶的流行导致长安城的酒价一落千丈，也让成都的药市黯然失色。饮茶后，仿若置身仙境，御风而行，有羽化成仙之感。有了“斗茶”的快乐，你就不会羡慕那些花丛中的年轻女子“斗草”赢得金银珠宝的游戏。

可以看出，范仲淹的《和章岷从事斗茶歌》既是在描写宋代的斗茶之风，也是在表达自己积极入世、造福百姓的崇高人文精神。章岷的斗茶诗原作早已遗失，后人无法读到。因此，范仲淹的这首斗茶诗就显得更为珍贵了。

除了擅长诗茶外，范仲淹还对推动茶产业发展作出了不小的贡献。

范仲淹曾被贬到饶州任知州，他勤政爱民、体察民情的本性一直未改。传说有一天，范仲淹和随从人员从饶州城出发，长途跋涉到鄱阳县铁炉冲村看望刚从工部侍郎任上卸任的好友胡克顺。当地百姓家家户户都栽种梨树，听闻范仲淹造访，纷纷挑选出最大个的梨子，赠送给他们心目中的清官。范仲淹说："我刚才一路上看到，你们这里种了很多梨树，树上的梨个儿很大，不如你们村以后就叫大梨胡家如何？"他的这番话获得了村民们的一致赞同，这个村子随之得名"大梨胡家"，后来又演变成"大李胡家"。当地人为了纪念范仲淹，一直保留了这个村名。

当范仲淹询问当地百姓的生活情况时，胡克顺如实反映："这里的茶税太重，已经超出很多茶农能承受的范围，他们的生计也因此受到严重影响，甚至有一部分茶农背井离乡、流离失所。"听到这些情况，范仲淹心里很不是滋味。

返回衙署后，范仲淹心情沉重，辗转反侧，难以入眠。他披衣起床，正要伏案提笔时，想到朝廷奸臣当道，担心上奏后可能遭到诬陷，一度犹豫。然而，他又回想起自己曾发出"不为良相，便为良医"的誓言，决定如实上奏。于是，他熬夜写完关于建议减免茶税的奏章，立即上报朝廷，获得了宋仁宗赵祯的准奏。当地百姓听说范仲淹奏请减税的建议被皇帝采纳后，奔走相告，兴奋不已。宋代诗人李深把这件事写进了他的诗作《题范文正公祠堂》中，诗云：“一章奏免鸟衔茶，惠及饶民几万家。遗老至今怀德政，为余谈此屡咨嗟。”此诗通过描述范仲淹奏免茶税的德政，既展现了一个为民请命的贤臣形象，也表达了人们对范仲淹的深切怀念和敬意。

作为茶人，范仲淹以超凡才华传播了宋代茶叶美学的无穷魅力；作为官员，范仲淹以博大情怀树立了勤政爱民的崇高风范。

欧阳修：浓厚的茶叶情与先进的茶利观

宋代是中国古代历史上经济、文化、教育空前繁荣的时代。著名史学家陈寅恪这样评价宋朝的文化成就："华夏民族之文化，历数千载之演进，造极于赵宋之世。"文化盛世在很大程度上推动了茶叶的全面繁荣。欧阳修等一批宋代政治家、文学家对推动茶叶快速发展做出了重要的贡献。

欧阳修，字永叔，号醉翁，是北宋古文运动领袖，在散文、诗、词、文学理论等方面有很高成就，在历史学和考据学领域也有重要贡献。此外，从醉翁的诗文中，我们也可以感受到他对茶的研究之深入以及其中流露出的醉翁之意。

宋代文风造极，茶风盛行，达官贵人、文人雅士无不讲究品茶之道，欧阳修也不例外。他精通茶道，留下了很多咏茶的诗文，还为北宋政治家、书法家和茶学专家蔡襄的《茶录》作了后序。除了品茶、诗茶外，欧阳修还深入研究茶学。针对张又新《煎茶水记》中的泡茶用水的相关论述，欧阳修写下了论茶水的专文《大明水记》，该文对泡茶用水研究具有重要的参考价值。

欧阳修与范仲淹、蔡襄、梅尧臣、苏轼、黄庭坚等众多文化大家一样，都是品茶高手。精通茶道的欧阳修与梅尧臣私交甚好，经常在一起品茗赋诗，互相对答，交流品茶心得。一次，他们兴致勃勃地品茗新茶，欧阳修当场赋诗《尝新茶呈圣俞》，寄予梅尧臣，诗中如此赞美建安龙凤团茶："建安三千里，京师三月尝新茶……年穷腊尽春欲动，蛰雷未起驱龙蛇。夜闻击鼓满山谷，千人助叫声喊呀。万木寒痴睡不醒，惟有此树先萌芽。"诗中还对烹茶、品茶的器具、人物提出评价和期待："泉甘器洁天色好，坐中拣择客亦嘉。"用现在的话说，品茶不仅需要水甘、器洁、天气好，还需要投缘的品茶人，才能有主客相得的意趣。欧阳修对茶精髓的深刻领悟，让众多文豪折服。梅尧臣在回应欧阳修的诗中如此称赞醉翁对茶品的鉴赏力："欧阳翰林最别识，品第高下无欹斜。"

在中国历史上，宋代的茶叶专卖制度较为系统，相关规定相当细致。专卖体制下，茶叶经济对国计民生的影响非常大。为此，宋代官僚之间围绕茶法等诸多问题的争论十分激烈。作为革新派官员的代表，欧阳修的茶利观鲜明而先进，主要体现在四个方面：一是反对政府屡更茶法，主张与商共利；二是主张政府降低茶价，确保茶市正常运营；三是主张正确处理政府、大商人、小商贩三者之间的关系；四是重视茶利，并深刻指出茶利在国防中的重要性。后来的历史表明，欧阳修倡导和推行的减少茶税、降低茶价等政见与举措，在一定程度上让更多的普通百姓喝得起茶，为茶叶的普及、茶叶经济的兴盛发挥了积极作用。

欧阳修 25 岁出仕，至 65 岁去世，仕途前后长达 40 年，除两年居丧外，在朝 20 年，贬谪外放 12 次，长达 18 年。《宋史·欧阳修传》载："虽机阱在前，触发之不顾。放逐流离，至于再三，志气自若也。"欧阳修晚年时曾回顾一生，写下"吾年向老世味薄，所好未衰惟饮茶"的诗句，表达的大意是，当看尽人世沧桑之后，唯独对茶的喜好如故。在此，欧阳修既感叹宦海沉浮、人生坎坷，也表露了自己一生爱茶的嗜好。

纵观欧阳修的一生，他对茶性喜水的理解、对点茶法的娴熟运用、对茶道精神的不懈追求、对茶文化的传承弘扬，足以表明他对茶的热爱。欧阳修的文学造诣、政治素养和茶学知识交相辉映，共同构筑了他的精彩人生和伟大品格。

苏轼：品茶追求“静中无求　虚中不留”

在中国文坛，有“李白如酒，苏轼如茶”之喻。李白的诗歌豪放飘逸，充满了酒神般的浪漫、洒脱；苏轼的诗词豪放旷达，常融哲理于生活，如同茶一般的深邃回甘。

作品风格的不同与他们人生的际遇密不可分：李白仕途虽有波折，但出生在大唐盛世，因而其诗歌多折射盛唐时代的恢宏气象。而苏轼的为官生涯一直处在朝廷变革期，历经党争与多次贬谪，因而其作品往往感慨良多。

苏轼一生忧国忧民，寄情茶道。他把茶比为“佳人”“仙草”“志向”，视茶为自己的好友。他通过品茶来体悟人生、感知玄理，并努力从中寻求心灵的解脱。正如后人所评价：“读苏轼诗文，染茶味清香。”

作为大文豪，苏轼一生中创作了多篇关注现实、关爱民生、抒发情怀的佳作。其中，苏轼的咏茶诗尽情表露了其超凡脱俗的旷达情怀。有研究者总结称，这种旷达情怀主要体现在四个方面：一是追求清淡闲适的生活；二是表达以茶会友的真情；三是寄寓以茶养生的情趣；四是抒发失意的人生感慨。

比如《水调歌头·问大冶乞桃花茶》云："老龙团，真凤髓，点将来。兔毫盏里，霎时滋味舌头回。"该词绘声绘色地描写了点茶、品茶等环节。

又如《西江月》云："龙焙今年绝品，谷帘自古珍泉。雪芽双井散神仙，苗裔来从北苑。汤发云腴酽白，盏浮花乳轻圆。人间谁敢更争妍，斗取红窗粉面。"该词细腻传神地描绘了茶水的形态，表达了品茶过程的美妙感受。

苏轼不仅以诗词名闻天下，而且还精通茶道。他认为，品茶时应当"静中无求，虚中不留"，保持平和的心境。

苏轼爱茶，常把茶当作邀友待客的媒介，并写过不少以茶待客的经典茶帖。被贬至海南儋州任职后，苏轼曾给海南澄迈的朋友赵梦得写茶帖，邀请他一起喝茶。苏轼在《致赵梦得一札》中写道："旧藏龙焙，请来共尝。盖饮非其人，茶有语；闭门独啜，心有愧。"表达的意思是：家里藏有上好名茶龙焙，想请赵梦得一同品饮。在苏轼看来，如果不是合适的人来品尝好茶，茶也会有怨言；如果自己闭门独享好茶，心里也会惭愧不已。这便是苏轼的饮茶之道——好茶须与好友共享。

苏轼品茶，对茶友和茶具有较高的要求，正如他在《到官病倦，未尝会客，毛正仲惠茶，乃以端午小集石塔，戏作一诗为谢》中写道“坐客皆可人，鼎器手自洁。”他也十分注重以茶养生，正如他在《物类相感志》中所写：“吃茶多腹胀，以醋解之。”此外，他还用陈茶驱蚊虫，具体来说，就是把陈茶点燃，然后吹灭，以茶烟驱蚊虫。苏轼对煮水的器具也有深入的研究。后人根据他的相关茶诗和茶事活动总结得出“饮茶三绝”之说，即茶美、水美、壶美，惟宜兴兼备三者。苏轼还认为“铜腥铁涩不宜泉”，泡茶最好用石烧水。

俗话说：“水为茶之母，器为茶之父。”传说苏轼在宜兴时，还亲自设计了一种提梁式紫砂壶，上题有“松风竹炉，提壶相呼”。后人为了纪念他，把这种样式的壶命名为“东坡壶”。此外，苏轼还自创了一套“苏氏饮茶法”：每餐后，以浓茶漱口，口中烦腻既去，牙齿也得以日渐坚密。苏轼一般用中下等茶漱口，因为上等好茶不易得，当然，“间数日一啜，亦不为害也”。

苏轼与文人骚客之间的斗茶斗才算得上宋代茶文化的一大亮点。据说有一天，苏轼、司马光等一批文豪斗茶取乐，苏轼的白茶取胜，心里乐滋滋。看到茶汤尚白，司马光便有意为难苏轼说：“茶欲白，墨欲黑；茶欲重，墨欲轻；茶欲新，墨欲陈；君何以同爱此二物？”苏轼想了想，从容地回答：“奇茶妙墨俱香，公以为然否？”司马光问得妙，苏轼答得巧妙，众人称赞不已。

苏轼的一生，足迹遍及全国多地，从宋辽边境到海南，从峨眉之巅到钱塘之滨。长期的贬谪生活虽令苏轼仕途不顺，却为他提供了品尝各地名茶的机会，他与茶叶相伴，在逆境中一直保持着宽阔的胸怀和乐观豁达的人生态度。

如果说人生是一杯茶，那么泡这杯茶、品这杯茶、评这杯茶的恰恰就是我们自己。苏轼的这杯以“静中无求，虚中不留”为主题的生命之茶，因其丰富的人生经历散发出独特的诗意芬芳，日久弥香。

赵佶:《大观茶论》歌盛世

宋代是茶事演进的重要阶段。上至达官贵人，下至黎民百姓，都追求一种雅致诗性的生活。焚香、点茶、挂画、插花，合称为“四艺”，是宋代雅致生活的重要体现。点茶、斗茶、茶百戏等茶道茶艺盛极一时，中国茶文化迎来空前鼎盛时期。

宋徽宗赵佶在位二十五年有余（公元 1100 年 2 月 23 日至公元 1126 年 1 月 18 日），他昏庸无度，最终成为亡国之君。然而，赵佶多才多艺，蹴鞠、绘画、书法等，无一不精通。此外，他热衷于收藏，精通园林设计、茶道茶艺，可以说是一位杰出的茶道宗师。

赵佶常在宫廷中以茶宴请群臣，兴致高时还亲自动手煮茶调茶，与人斗茶取乐。据说宋徽宗的品茶方式十分独特，其专属喝法名叫“分云入碗”。在赵佶看来，底部的茶水是重浊，上面的浮沫才是精华，所以他不喝下面“浊”的部分，只喝上面“云”的部分。正如他在《宫词》一诗中所写：“兔毫连盏烹云液，能解红颜入醉乡。”这里的兔毫指的是兔毫盏，云液指的是茶。该诗的大意是，用兔毫盏烹饮建溪好茶，缭绕的茶香能使旁边的美女陶醉。

斗茶这门艺术的普及与发展，与赵佶爱玩、会玩的特性密不可分。赵佶治国理政一塌糊涂，却一不小心把自己“玩”成了顶级茶人。北宋宰相蔡京（奸臣）在《延福宫曲宴记》中记载了这样的场面：赵佶让近侍取来釉色青黑、饰有银光细纹的兔毫盏，然后亲自注汤击拂。不一会儿，呈疏星淡月之状、极富幽雅清丽之韵的汤花浮于盏面……蔡京对宋徽宗煮茶、斗茶、品茶等技艺的赞美之情跃然纸上。

此外，赵佶自己的名画《文会图》，就是描绘当时文人会集、品茶、聊天的盛大画面。画中的人物形态逼真，场面气氛热烈。这幅名作真实表现了文人雅士与茶的密切关系，现保存于台北故宫博物院。

赵佶撰写的经典茶学著作《大观茶论》，将宋代的点茶等茶文化推向高潮。《大观茶论》全书约两千八百字，分为二十个篇章（不含序）：地产、天时、采择、蒸压、制造、鉴辨、白茶、罗碾、盏、筅、瓶、杓、水、点、味、香、色、藏焙、品名和外焙。其主要内容分为三大部分：第一部分详细记载和介绍了代表宋代制茶技术最高水平的建安北苑茶的种植、采制和藏焙技术；第二部分记载了“龙凤团饼”等宋代饼茶的鉴辨技术；第三部分记载了点茶技艺和品茶艺术。

《大观茶论》全书立论清晰、通俗易懂，对宋代茶叶的生产制作、择器选水、点茶手法、评选标准、斗茶风尚等均有详细记载。宋代点茶，分为三汤点茶法和七汤点茶法。《大观茶论》“点”篇中记载的七汤点茶法是全书最为精彩的部分，对点茶技巧论述得十分详细。正是由于赵佶的大力推荐，七汤点茶法在宋代上层社会相比三汤点茶法更为盛行。

《大观茶论》在中国茶历史上的传播力和影响力非常巨大，其主要原因在于作者把深刻的哲理、生活的情趣通过茶简明扼要地论述出来，仿佛把人们带回到那个大俗与大雅并存的时代。此外，《大观茶论》涵盖茶叶种植、制作等诸多方面的知识，可谓茶知识入门之作。比如，书中提出“阴阳相济，则茶之滋长得其宜”“故焙人得茶天为庆”“涤芽惟洁，濯器惟净，蒸压惟其宜，研膏惟熟，焙火惟良”等独到观点，深刻而通俗地讲述了茶叶产地对茶叶生产的影响、天时对茶叶种植的影响、工艺对制茶品质的影响等茶知识。

赵佶作为皇帝治国无方，终致靖康之耻，成为笑柄；不过，他确实对中国茶文化的发展作出了不小的贡献，他精心创作的《大观茶论》，对弘扬茶道茶艺文化发挥了重要作用。

黄庭坚：以茶代酒二十年

北宋诗人、书法家黄庭坚，被人们所熟悉的往往是他入列宋代书法“四大家”（“苏黄米蔡”）的殊荣。其实，他还是一位资深茶艺专家。黄庭坚的家乡在洪州分宁（今江西修水）双井村，这里“绿丛遍山野，户户有茶香”，是双井茶的原产地。双井茶的扬名与黄庭坚的歌咏密不可分。

由于黄庭坚爱茶，坊间称他为“分宁茶客”。据说当时的宰相司马光，听说黄庭坚年轻有为、多才多艺，很想与他见一面。有一天，两人终于见了面，司马光感觉黄庭坚其貌不扬，并且话不投机，双方不欢而散。司马光还对人说：“原以为黄庭坚是何等了得，不过是分宁一茶客罢了！”“分宁一茶客”从此传开。

苏轼是黄庭坚的老师。黄庭坚在京做官时，有一天他的老乡从老家给他带来一包上等的双井茶。他拿到茶后，第一个想到的就是良师益友苏轼。于是，他分了一半给苏轼品尝。在送茶时，黄庭坚还特意附了一首题为《双井茶送子瞻》的诗，以表心意："人间风日不到处，天上玉堂森宝书。想见东坡旧居士，挥毫百斛泻明珠。我家江南摘云腴，落硙霏霏雪不如。为君唤起黄州梦，独载扁舟向五湖。"

黄庭坚不仅将双井茶赠送给恩师，还将茶品与人品并提，称颂了苏轼的高尚道德与潇洒风度。苏轼收到茶和诗时，十分高兴。一为这绝好的双井茶，二为朋友之情谊，三为自己嗜茶，四为朋友间以诗茶相赠，当是千古佳话。收到茶后，苏轼以《鲁直以诗馈双井茶次韵为谢》一诗回应。

茶以诗名，茶以人名。在黄庭坚的竭力推荐下，双井茶的名气越来越大，并受到越来越多士大夫的青睐，最终被列为朝廷贡茶，奉为"草茶极品"，盛行一时。

黄庭坚生活的那个时代，理学相当盛行，儒、释、道等文化纷纷融入产茶胜地，无形中推动了茶文化的快速发展。黄庭坚把佛与道两种思想融入自己创作的茶词《品令·咏茶》中。该词写道："凤舞团团饼。恨分破、教孤令。金渠体净，只轮慢碾，玉尘光莹。汤响松风，早减了、二分酒病。味浓香永。醉乡路、成佳境。恰如灯下，故人万里，归来对影。口不能言，心下快活自省。"从茶词中可以看出，黄庭坚十分注重内心的修养，他在茶的神韵中品出了随缘自适、淡泊宁静。

早年的黄庭坚嗜酒如命，到了中年后，他就疾病缠身。他在四十岁时写下了《发愿文》，发誓戒酒戒肉，文曰："今日对佛发大誓，愿从今日尽未来世，不复淫欲、饮酒、食肉，设复为之，当堕地狱，为一切众生代受其苦。"戒了酒后，黄庭坚的嗜好就是品茶了。

黄庭坚嗜茶的重要原因之一是他对茶的功效十分推崇。他说："鹅溪水练落春雪，粟面一杯增目力"，"筠焙熟香茶，能医病眼花"。黄庭坚也像其他文人墨客一样，写了很多茶事主题的诗文。此外，他对于茶的碾、煮、烹等工艺颇有心得，曾送茶给同为"苏门四学士"的晁补之（字无咎），又赠诗《以小团龙及半挺赠无咎并诗用前韵为戏》。

戒酒第四年，黄庭坚收到友人所赠的煎茶瓶，答诗曰："茗碗有何好？煮瓶被宠珍。石交谅如此，湔祓长日新。"大概意思是以茶代酒后，茗饮涤除旧习和垢秽，日益见效。

"颇与幽子逢，煮茗当酒倾。"这也是黄庭坚以茶代酒的例证。黄庭坚不仅自己这样做，也常劝别人以茶代酒。比如，他再三劝说其甥洪驹父："千万强学自爱，少饮酒为佳。"又说："又闻颇以诗酒废王事，此虽小疵，亦不可不勉除之。"

黄庭坚曾写过一篇《醉落魄》，题注曰："老夫止酒十五年矣，到戎州恐为瘴疠所侵，故晨举一杯，不相察者乃强见酌，遂能作病，因复止酒。”其大概意思是他戒酒十五年后，到戎州时为防御瘴疠，所以早上饮一杯，不了解内情的人以为他开戒，于是强行劝酒，导致他生病，因而再次戒酒。

黄庭坚五十八岁时，又写一诗，其中说：“我病二十年，大斗久不覆。”可以说，他在戒酒期间虽然不是滴酒不沾，但确实没有放怀豪饮。黄庭坚推崇饮茶养生多年，其决心之大，毅力之坚在当时并不多见，他不仅自己身体力行，还规劝他人，实在是可钦可敬。

李清照：饮茶助学传佳话

茶诗的兴起与繁荣，离不开文学的发展；文学的发展，也离不开茶诗的点缀。作为宋代杰出女词人，李清照不但诗词写得出色，还爱酒爱茶，并给后人留下了“饮茶助学”的千古佳话，为茶事增添了独特的风韵。

李清照博闻强记、才思敏捷。一日她突发奇想，与丈夫赵明诚在饭后烹茶时，尝试一种与酒令之行大相径庭的助兴游戏，后人称之为“茶令”，即互考经中典故，赢者可先饮茶一杯，输者则后饮茶。

李清照在《〈金石录〉后序》中曾追叙她与丈夫赵明诚回家乡青州（今山东青州市）闲居时“赌书”的情景，文中写道：“余性偶强记，每饭罢，坐归来堂，烹茶，指堆积书史，言某事在某书、某卷、第几页、第几行，以中否，角胜负，为饮茶先后。中，既举杯大笑，至茶倾覆怀中，反不得饮而起。甘心老是乡矣！虽处忧患困穷，而志不屈。”其大概意思是：李清照与丈夫赵明诚烹茶“赌书”，哪一件事情在哪一本书的哪一卷、哪一页、哪一行，胜者先喝茶，有时候兴奋忘情，打翻了茶杯，茶水洒在怀里，反而喝不成茶。一句“反不得饮而起”把“赌书饮茶”描述得逼真动人；一句“甘心老是乡矣”把这对夫妇的情投意合、安贫乐道展现得淋漓尽致……可以说，那段时间是婉约派词人李清照一生中最幸福的时光。靖康之变后，李清照被迫南渡，她的后半生饱尝艰辛，其词句中充满对往昔的怀念，对国破家亡的悲痛等情感。

李清照和赵明诚的爱情故事为众多读书人羡慕不已。清初才子纳兰性德在《浣溪沙》一词中曾写道：“谁念西风独自凉？萧萧黄叶闭疏窗。沉思往事立残阳。被酒莫惊春睡重，赌书消得泼茶香。当时只道是寻常。”

李清照爱喝酒，也爱喝茶。从李清照后期的很多酒词中可以看出她内心的愁苦之叹。比如：“险韵诗成，扶头酒醒，别是闲滋味。”（《念奴娇》）“三杯两盏淡酒，怎敌他晚来风急？”（《声声慢》）“昨夜雨疏风骤，浓睡不消残酒。”（《如梦令》）“故乡何处是，忘了除非醉。沉水卧时烧，香消酒未消。”（《菩萨蛮》）

李清照一生写下了不少与茶有关的经典词作，如《小重山》《鹧鸪天》《摊破浣溪沙》《转调满庭芳》等。李清照的每一首茶词都是那么脍炙人口、意境幽远。

从李清照的茶词中，我们不仅可以窥探到两宋时期的饮茶习俗和风尚，还能看到女词人以茶消解愁闷之景。比如：她在《鹧鸪天》写道“酒阑更喜团茶苦”，一个“喜”字表明她特喜欢以苦茶醒酒。女词人正是从这一杯杯苦茶中品到别样滋味，获得了精神上的满足。可以说，茶给她带来了心灵的慰藉。

宋人常将茶制成茶饼，饮用时须将茶碾成细末，然后煮饮。李清照在《小重山》中写道：“春到长门春草青。江梅些子破，未开匀。碧云笼碾玉成尘。留晚梦，惊破一瓯春。”其大意是：春草江梅，是可喜之景；小瓯品茗，是可乐之事。春天里，晚梦初醒，喝下一杯春茶，方才惊破了梦境。李清照通过碾茶、品茗营造出细腻、雅致的氛围，别有一番情调。这些茶词让女词人李清照在中国的茶文化史上添上了精彩一笔，弥足珍贵。

陆游：用茶香驱赶寂寞与苍凉

在中国人的心目中，茶占有独特的地位。日常生活中，许多话题都与茶相关，因为茶可以雅俗共赏，且老少皆宜。把日常趣事与茶紧密联系在一起，并写进诗词中，这绝对是一件有文化、有品位的事。南宋大诗人陆游就是这样一位茶客。

陆游的一生，与诗、词、文、书、茶、酒、琴相伴，且他对茶尤为喜爱。陆游用大量文字咏茶与诗词、茶与书法、茶与琴棋、茶与友情以及茶事活动，被现代学者喻为“以诗续写《茶经》”。

据统计，《陆游全集》中涉及茶的诗词达300多首，是历代创作茶诗词最多的诗人。在这300多首茶诗词之中，有100多首是吟颂建茶的。这主要源于陆游曾任福建路常平茶事，并三主武夷山冲佑观，主管建茶发展。从这个角度上讲，陆游又是一位名副其实的建茶诗人。

陆游爱茶、嗜茶，更甚于酒。在酒与茶的选择上，陆游有着鲜明的态度："难从陆羽毁茶论，宁和陶潜止酒诗。"换言之，他可以不喝酒，而茶却不能缺。

据说早在汉代，便有"建溪芽"。唐代茶圣陆羽的《茶经》描述了建茶之名。《茶经》写道，建州之茶"往往得之，其味极佳"。唐末时，建茶已成为贡品。到了宋代，建茶成为当朝时尚，因而常见之于诗文之中。

一生寄深情于茶的陆游对建茶十分倾慕。隆兴元年（公元 1163 年），陆游任宁德主簿期满返回临安，受孝宗皇帝赐进士封号，任枢密院编修，获赐"样标龙凤号题新，赐得还因作近臣"的北苑龙团凤饼茶。小饼龙团是福建路转运使蔡襄督造入贡的"上品龙茶"，是专供皇帝使用或赏赐大臣的御茶。对此，陆游在《饭罢碾茶戏书》中赞誉建茶："江风吹雨暗衡门，手碾新芽破睡昏。小饼戏龙供玉食，今年也到浣花村"。

宋代赞颂建茶、建盏、建安斗茶的诗文数量之多、名家之齐，堪称中国文坛一绝。其中，陆游的《建安雪》把建茶描绘到了极致。该诗云："建溪官茶天下绝，香味欲全须小雪。雪飞一片茶不忧，何况蔽空如舞鸥。银瓶铜碾春风里，不枉年来行万里。从渠荔子腴玉肤，自古难兼熊掌鱼。"这首诗的创作背景是：淳熙六年（公元 1179 年）正月，作为“提举福建路常平茶事”，陆游初到建安时，看到春雪纷飞，便联想到这可能是茶叶丰收的征兆，于是高兴地写下此诗。此外，陆游曾用“舌根茶味永”“茶甘半日如新啜”“瓯聚茶香爽齿牙”和“客散茶甘留舌本”等诗词赞誉建茶的高贵品质。

除了诗茶外，陆游对茶的烹饮之道也非常在行。他总是自己动手烹煮，并以此为乐，常年坚持。如何掌握煎茶的火候？他曾对“效蜀人煎茶法”和“忘怀录中法”做了深入研究，其创作的《效蜀人煎茶戏作长句》《北岩采新茶用〈忘怀录〉中法煎饮，欣然忘病之未去也》等诗足以佐证。

在古代，分茶又称茶百戏、汤戏或茶戏，是指在沏茶时，使茶汤的纹脉形成不同物象，如山水云雾、花鸟虫鱼、图画和书法等。只有具有很高的烹茶技艺者，才能从分茶中获得乐趣。陆游对分茶情有独钟，据说他在临川和杭州为官的那些日子里，特别喜欢分茶。至晚年时，陆游还经常与儿子一道玩分茶游戏。正如《疏山东堂昼眠》诗云：“香缕萦檐断，松风逼枕寒。吾儿解原梦，为我转云团。”据陆游自注，此诗便是在他的儿子分茶时所作。

晚年的陆游，虽有壮志难酬之感，却也能从“饭软茶甘”中得到慰藉。正如他自己所写：“眼明身健何妨老，饭白茶甘不觉贫”。与此同时，他依旧心系武夷，情系建茶，直至终其天年。陆游对茶叶特别是建茶的精神寄托，告诉我们一个人生经验："品茶可以排遣寂寞，茶香可以驱赶苍凉。"

陆游在宋代掀起了茶学诗文的一个高潮。有研究者这样评价："陆游的建茶诗体性典雅、情致恳切、风骨遒劲，文采斐然，具有极高的审美价值。"如今，建茶问世已近千年，仍香溢华夏。

陆游与茶的故事，可以说是一位文人与一种饮品之间的精神对白。在一缕缕穿越时空的茶香中，一个真实的陆游清晰地呈现在人们面前：既是忧国忧民的志士，又是寄情山水的文人；既是仕途坎坷的官员，又是超然物外的隐者。茶，见证了陆游的喜怒哀乐，在某种意义上也成就了陆游的诗与远方。

杨万里：两袖清风源茶道

人们对宋代诗人杨万里的了解大多是通过他的著名诗篇《小池》："泉眼无声惜细流，树阴照水爱晴柔。小荷才露尖尖角，早有蜻蜓立上头。"该诗通过对小池中的泉水、树阴、小荷、蜻蜓的生动描写，展现出一种具有无限生命力的生活情趣，也表达了作者对生活的无限热爱。

大概正是基于对生活的热爱，杨万里不仅留下了不少有关茶的经典诗文，还以实际行动延展了茶文化的丰富内涵。

杨万里与尤袤、范成大、陆游齐名，被誉为"南宋四大家"。然而，杨万里关于茶的诗文和陆游关于茶的诗作在风格和侧重点上有着明显不同。

杨万里在《武陵春》小序中写道："老夫茗饮小过，遂得气疾。"该词中又说："旧赐龙团新作祟，频啜得中寒。瘦骨如柴痛又酸，儿信问平安。”其大意是：由于嗜茶，饮茶过度，弄得人“瘦骨如柴”。

杨万里在另一首诗中写道：“老夫七碗病未能，一啜犹堪坐秋夕。”其大意是：虽病不绝，只是少喝点罢了。此外，杨万里常常失眠，但他始终不认为是饮茶导致的。在《三月三日雨，作遣闷十绝句》中说：“迟日何缘似个长，睡乡未苦怯茶枪。春风解恼诗人鼻，非叶非花只是香。”他还在《不睡》一诗中写道：“夜永无眠非为茶，无风灯影自横斜。”

杨万里嗜茶如命，追求茶的“味外之味”，并从中悟出了读书之法。他在《诚斋集·习斋论语讲义序》中写道：“读书必知味外之味。不知味外之味，而曰我能读书者，否也。《国风》之诗曰：‘谁谓荼苦，其甘如荠’，吾取以为读书之法焉。”古时“荼”即为茶。这是杨万里退隐之后悟出的读书体会。在杨万里看来，不能死读书，读死书，读书要体会“味外之味”，就像饮茶那样“苦中寻求甘甜”。

杨万里极为推崇苏轼，不仅认真阅读苏轼的茶诗，还对其有自己独特的欣赏和见解。比如，苏轼在《汲江煎茶》中写道“大瓢贮月归春瓮，小杓分江入夜瓶。”杨万里便写下读后感：“其状水之清美极矣，分江二字，此尤难下。”在杨万里的学习笔记中，类似的阅读批注还有很多。

杨万里品茶悟道，最难能可贵的是从清澄如碧的茶水中悟出了为人处世之正道。他在诗中写道：“故人气味茶样清，故人风骨茶样明。”杨万里非常欣赏茶清澈、淡雅的特质，视茶为朋友。在杨万里看来，茶汤的清澈、雅致与人的高洁品格相通。

杨万里努力在混浊的朝堂中保持内心的澄明，其廉洁之范与茶道具有相通之处。杨万里一生力主抗金，为官清正廉洁，后遭弄权之人排斥，告老还乡。回家后，他甘守清贫，耕耘田野，住的房屋破烂不堪。前来看望他的人，无不为之感动。

时任庐陵郡守的史良叔特来拜访杨万里，进门后见厅堂如此陈设，感慨道：“盖知谋国而不知营家，知恤民而不知爱身，其天性然也。”当时的著名诗人徐玑曾这样称赞杨万里：“清得门如水，贫唯带（皇帝所赐的玉带）有金。”

据《鹤林玉露》记载，杨万里从常州知府调任提举广东常平茶盐时，将万缗积钱弃于常州官库，两袖清风而去。在广东任官时，他曾以自己的七千俸钱代贫户纳税。其子杨长孺也以清廉著称，在广东任官时，病入膏肓，临终之际，连入殓的衣衾也没有。

杨万里在生活中品茶、爱茶、嗜茶，为官时一身正气、两袖清风，他在一定程度上将茶所蕴含的精神特质内化为自己的行为准则和道德规范。这不正是茶在人类精神层面的“味外之味”吗？

朱熹：以茶喻理超凡俗

朱熹是南宋理学之集大成者，被视为古代理学正宗。朱熹与茶结缘很深。他遵循孔子“君子食无求饱，居无求安”的教诲，年少时便定下生活准则，后人概括为：“茶取养生，衣取蔽体，食取充饥，居止取足以障风雨，从不奢侈铺张。”他一生种茶、制茶、煮茶、咏茶，以茶修德，以茶明理，以茶喻理，崇尚简朴，力戒奢华。

南宋绍兴十八年（公元 1148 年），朱熹考中进士，却无心做官。他一生累计为官约十年，此后辞官回到家乡福建建阳，讲学传道，著书立说，兴建茶园。讲学之余，他还时常携带竹篓去茶园采茶，推广茶叶种植，并以此为乐。朱熹从福建漳州回祖籍婺源扫墓时，把武夷山茶苗带到婺源，在祖居庭院种植了十余株，还认真仔细地向家乡父老介绍武夷茶的栽培和制作方法。

南宋淳熙十年（公元1183年），朱熹在武夷山下兴建了武夷精舍，开办书院，讲学授徒，聚友吟诗，种茶制茶，品茶传茶，写下了《咏武夷茶》和《茶坂》等茶诗。

武夷精舍旁的小溪中有一块奇石，石头中的科臼自然如灶。朱熹把这块奇石命名为“茶灶”，并经常邀请挚友来这里煮茶论道。他在《茶灶》一诗中写道：“仙翁遗石灶，宛在水中央。饮罢方舟去，茶烟袅细香。”读完此诗，我们仿佛看到一位世外高人在山间小溪旁品茗怡情，悠然自得。

作为理学宗师，朱熹强调格物致知，同时，在宇宙、人性、伦理等多方面也有深刻见解；他在讲学授道时以茶明理、以茶喻理，独树一帜，别有洞天。

建茶是宋代武夷山一带建安北苑所产的名茶，江茶是民间产制的草茶。据《朱子语类》记载，朱熹在对比建茶与江茶时说：“建茶如中庸之为德，江茶如伯夷叔齐。”他认为，建茶是君子，符合中庸之道；江茶是隐士，像伯夷、叔齐一样高洁。朱熹把儒家最高的道德标准“中庸之道”赋予了建茶，把中华优秀传统文化中的“坚守气节”赋予了江茶。这充分体现了一代鸿儒对茶的独到见解。

茶之重礼，是国人生活中的一个鲜明特征。朱熹通过饮茶，阐明了他对“理”的思考。据《朱子语类》记载：“物之甘者，吃过必酸；苦者，吃过却甘；茶本苦物，吃过却甘。问：此理如何？曰：也是一个道理，如始于忧勤，终于逸乐，理而后和。”朱熹认为，理是自然界中最严格的规律，也是人际关系中最严格的礼仪。礼是和的前提，有礼才有和，先礼而后和。朱熹的言行举止念念不忘一个“理”字，特别是把日常生活中的小事小节与为人处世的大道理有机结合起来，把茶之韵味与理之至和有机统一起来，正所谓“触类旁通喻物理”。

宋代煎茶，仍一定程度上留有唐代遗风，习惯在茶叶中掺杂姜、葱、桂、椒、盐等物，犹如大杂烩，如此就会影响到茶的本味。据《朱子语类》记载，朱熹曾对学生说：“如这一盏茶，一味是茶，便是真才；有些别底滋味，便是有物夹杂了。”朱熹认为，做学问要专注，像茶一样要有“真味”，千万不可夹杂其他的歪理邪道。朱熹巧用生活比喻，既通俗易懂又妙趣横生，充分赋予了茶高级有趣、守正斥杂的文化内涵，不愧为一代理学宗师。更为重要的是，这些以茶喻理的生动故事，为人们深入研究理学与茶文化的交融提供了一个独特的视角。

朱元璋：散茶瀹饮划时代

公元1368年，朱元璋称帝，定国号为“大明”，年号洪武。作为布衣皇帝，朱元璋深知民间疾苦，更懂得“水能载舟，亦能覆舟”的道理，于是励精图治、休养生息，被后人称为“最勤奋的皇帝”。殊不知，朱元璋还是一位茶饮改革家。

明代以前，茶叶以团茶或饼茶为主，称为“龙团凤饼”。作为皇家贡茶，龙团凤饼因茶饼上印有龙凤纹饰而得名，备受追捧。但对于老百姓而言，团茶的弊端日益凸显：一是团茶的制作工艺异常复杂，且盛极一时的“斗茶”游戏成为达官贵人之间投掷重金、攀比斗富的活动，导致团茶价格高昂，普通百姓消费不起；二是从唐宋延续下来的贡茶制度对茶农和茶工的剥削非常严重，皇家茶园成为特权象征，使得民众怨声载道。

为了稳住民心，让天下普通百姓也能享受饮茶的乐趣，朱元璋推进茶叶改革，下诏废除团茶，改制芽茶和散茶，改革皇家茶园，取缔龙凤团茶。“废团兴散”之后，蒸青工艺逐渐被炒青取代，绿茶成为主流，越来越多的普通百姓开始饮茶，风靡已久、奢靡无度的“斗茶”之风从此走向没落，全社会的饮茶之风走向日常。

与此同时，朱元璋下令颁布《茶马法》，所有茶叶贸易由政府垄断经营，禁止私人贩卖茶叶，对私自贩卖茶叶者进行严惩，皇亲国戚也不例外。

当时，安庆公主的驸马欧阳伦仗着自己是皇亲国戚擅闯关卡，大肆走私茶叶，从中谋取暴利，对地方官员的劝阻不屑一顾。事情败露后，朱元璋大发雷霆，当即下令将他捉拿问罪。安庆公主急忙进宫为驸马求情，但朱元璋没有徇私枉法。明洪武三十年（公元 1397 年），欧阳伦因走私茶马案发遭朱元璋赐死，这就是历史上有名的“因茶斩婿”故事。

在朝廷垄断经营体制下，明朝的茶叶经过茶马古道和郑和下西洋开辟的海上丝绸之路，传播到西亚、东非等地区。

“废团兴散”所带来的不只是制茶工艺变革和茶叶贸易的繁荣，还有饮茶方式的改变和茶饮文化的发展。散茶可以直接用沸水冲泡，被称为“瀹饮法”。瀹饮法成为主流，在茶饮历史上具有划时代的意义。同时，散茶瀹饮对弘扬和传播茶文化产生了深远影响，特别是推动茶文化从复杂烦琐走向淳朴自然，从奢靡走向清雅，从达官贵人走向普通民众。

朱元璋之所以实施“废团兴散”茶叶新政，与他青少年时期的经历密不可分。元至正四年（公元 1344 年），北方旱、蝗灾情交至，淮河一带的老百姓不是家破人亡就是流离失所，年仅十六岁的安徽凤阳少年朱元璋（重八）迎来了青春记忆里最痛苦的一页。短短半个月内，朱元璋的父亲、母亲、大哥、大侄相继亡故，嫂子带着孩子外出逃荒，家里只剩下他和二哥相依为命。朱元璋埋葬完家人，决定到村头的於皇寺（后世亦称为皇觉寺）出家当和尚。为了活下来，他干着寺庙里最低微的小沙弥的活计。据说朱元璋最早接触茶叶就是在此时。每到深夜，他把寺庙招待布施香客剩下的茶叶续水再饮。谁也不曾想到，这个落魄少年将来会成为起义军领袖，并推翻元朝，成为明朝开国皇帝。公元 1352 年，於皇寺毁于战火。公元 1383 年，作为明朝开国皇帝的朱元璋下诏敕建於皇寺，赐名为“龙兴寺”，使之成为明朝皇家寺庙。

相传，在明洪武三年（公元 1370 年）三月初一，朱元璋得知河南信阳罗山的灵山寺有一种奇茶。于是，他带着几个心腹向灵山寺进发。来到罗山的山脚下，朱元璋拒绝坐轿上山，而是选择步行前往灵山寺。走完两个小时的山路，来到灵山寺门口时，朱元璋已是气喘吁吁、汗流浃背。方丈听说皇帝驾临寺庙，大惊失色，连忙上前搀扶朱元璋到寺内休息，并安排寺内厨师用九龙潭中的泉水沏泡灵山茶。朱元璋打开茶杯盖，看到茶汤碧绿，又闻到浓郁的茶香，便一饮而尽，顿时心旷神怡、舒畅无比。那一刻，朱元璋仿佛寻找到了年轻时饮茶的幸福感，龙颜大悦，现场下令拨一笔巨款，将灵山寺原来的三层殿修成七层大殿，外带厢房，并亲笔写下“圣寿禅寺”横匾；同时，将为他泡茶的厨师升为五品官，命州县要在灵山一带大兴茶园，每年向朝廷进贡一枪一旗的灵山茶。

随同朱元璋到寺庙的一位大臣从小刻苦读书，经过二十年宦海浮沉，才成为五品官员，此时不禁在旁嘟哝着：“十年寒窗苦，何如一盏茶。”朱元璋听后，哈哈大笑，对这位大臣说：“你刚才像是吟诗，只吟了前半部分，我来给你续上后半部分：他才不如你，你命不如他。”这便是“十年寒窗不如茶”的故事由来。

朱元璋是一位励精图治的皇帝，他用雄才伟略取得了政治成就，他推行的茶叶新政也对茶文化产生了深远影响。

康熙：千叟宴上先赐茶

康熙皇帝是清朝康乾盛世的开创者，也对茶文化热爱有加。他沿袭了满族饮奶茶的习惯，又喜爱汉人清茶文化。

在茶界，康熙御题茶名“碧螺春”的故事至今脍炙人口。传说清康熙三十八年（公元1699年），康熙南巡，来到江苏太湖的洞庭山。江苏巡抚宋荦为迎接圣驾，专门采购了当地制茶大师朱正元的野生茶“吓煞人香”。这种茶没有名气，康熙也从未见过。品饮之后，康熙觉得一股清香直透肺腑，回味绵长，不禁龙颜大悦，连连称赞，当即询问宋荦这是什么茶。宋荦如实回答：“此茶产于洞庭东山碧螺峰，百姓称之为‘吓煞人香’，意思是香极了。”康熙脸色微微一变，觉得这么好喝的茶起了一个这么奇怪的名字，甚是可惜。于是，他命宋荦取来此茶的干茶，仔细观察后，发现此茶颜色碧绿，外形卷曲如螺，并且采摘的时节是在春天。康熙沉思一番后说："茶是佳品，但名称却不登大雅之堂。朕以为，此茶既出自碧螺峰，茶又卷曲似螺，就名为碧螺春吧！"就这样，粗俗肤浅的"吓煞人香"变成了形象生动、文雅厚重的"碧螺春"。自康熙御笔亲赐后，碧螺春的名气越来越响，跻身朝廷贡品，成为扬名内外的精品名茶。

盛世茶宴的顶峰当属清代的千叟宴。千叟宴是清代宫廷为践行孝德、笼络臣民而举办的盛大皇家御宴，始于康熙皇帝，盛于乾隆皇帝，在清代共举办过四次。清康熙五十二年（公元 1713 年）农历三月，为庆祝康熙皇帝的六十大寿，朝廷便在畅春园举办了第一次千叟宴，主要宴请从各地纷纷前来京城为他祝寿的长者。宴会持续三日，康熙特许众人不必起身，由年轻的宗室子弟服侍这些老人吃饭，并对老者进行了赏赐。宴席期间，康熙赋诗《千叟宴》一首，故得宴名。

清康熙六十一年（公元 1722 年）正月初二，为预庆自己的七十大寿，康熙在乾清宫设宴，主要宴请文武大臣及致仕人员，其间他感慨万千，即兴写下诗作《六十一年春斋戒书》，深情回首了自己一个甲子的帝王岁月。

在千叟宴上，第一项仪式就是“就位进茶”。大宴开始后，伴随着优美的宫乐声，膳茶房官员先向皇帝父子进红奶茶各一杯。皇帝饮罢，再分赐给与宴者共饮。部分老臣、官员及与宴者还可以得到皇帝赏赐的御茶和茶具。赐茶仪式结束后，方可进食。可以说，千叟宴是古代宫廷大型茶宴的首创。

康熙不但喜欢喝茶，还喜欢汲泉水泡茶，并曾写下多首汲泉泡茶的诗。他在《趵突泉》中写道：“十亩风潭曲，亭间驻羽旂。鸣涛飘素练，迸水溅珠玑。汲杓旋烹鼎，侵阶暗湿衣。似从银汉落，喷作瀑泉飞。”他在《趵突泉留题源清流洁四字》中写道：“突兀泉声涌净波，东流远近浴羲和。源清分派白云洁，不虑浮沙污水涡。”康熙的趵突泉二诗既生动描绘了泉水奔涌而出的声势与清澈见底的水质，也深刻表达了“治国必先治吏”的政治思考。

康熙不仅爱茶、推广传播茶文化，还善于发挥茶的“恩恤”功能。清康熙十七年（公元 1678 年），康熙下谕：“满洲大臣有丧，特遣大臣往赐茶酒，满汉大臣俱系一体，汉大臣有丧，亦应遣大臣往赐茶酒。自今以后，凡遇汉大臣丧事，命内阁、翰林院满洲大臣赍茶酒赐之。”“奠茶酒”最初只用于满族内部，自此诏书颁布以后，扩展到汉族大臣。从此，皇帝亲临或派人为重臣宗室“奠茶酒”的吊唁之举被制度化。更为重要的是，康熙以茶酒恩恤满汉大臣，不仅树立了皇帝礼士亲贤的圣君形象，还在很大程度上消除了满汉大臣之间的隔阂误解，为稳固统一多民族国家政权、开创封建社会的最后一个盛世奠定了坚实基础。

乾隆：君不可一日无茶

乾隆皇帝是一位杰出的皇帝，在位六十年间，文治与武功均很卓越。

清乾隆六十年（公元 1795 年），八十四岁高龄的乾隆准备将皇位传给皇太子颙琰，一位老臣以“国不可一日无君”为由，上书建言他继续执政。乾隆笑了笑，端起御案上的茶杯，喝了一口茶说“君不可一日无茶”。面对皇帝的幽默回答，大臣们无言以对。退位之后，作为太上皇的乾隆更是嗜茶如命，在幽雅安静的北海镜清斋花园内专设“焙茶坞”，煮泉瀹茶，品茗怡性，悠然自得，颐养天年，直到八十八岁寿终正寝。有人说，乾隆能成为中国历代帝王中的寿魁，与他平生爱好饮茶不无关系。

其实，乾隆从小就爱饮茶。他十几岁时就学会了焚竹烧水、烹茗泡茶的方法。登基后，乾隆御赐了一个“茶名”——铁观音，册封了“天下第一泉”——北京玉泉，配制了一种“三清茶”，在六次南巡中四进西湖茶区，为中国茶文化的传承和创新作出了重要的贡献。

据传，乾隆年间，福建安溪西坪士人王士让平时喜好种植奇花异草，一次他在野外无意中发现了一株奇异的茶树，便将其移植到自家的茶园里。经过几年培育，那株茶树变得枝繁叶茂，采制而成的茶更是香馥味醇。清乾隆六年（公元1741年），礼部侍郎方苞获得王士让赠送的茶叶，并将其献给了乾隆。乾隆饮用过后大为赞赏，看到茶叶外观乌润结实、沉重似铁、美如观音，于是现场赐名“铁观音”。从此，“文人献茶、皇帝赐名、一叶芳华、一茶千香”成为铁观音的高贵基因。

乾隆与康熙一样喜欢汲泉烹茶，一直认为“水以最轻为佳”。为了评出上好的泉水，他自制了一个银斗，并用它量遍了全国的名泉。当量得北京玉泉山的泉水最轻，一斗只有一两重时，乾隆便册封其为“天下第一泉”。

乾隆不仅喜欢喝茶，还亲自制茶。据《国朝宫史续编》记载，在重华宫举办的历次茶宴中，乾隆独创的特饮“三清茶”都是主角。“三清茶”精选三种寓意深远的原料：凌寒独放、象征高洁品格的梅花，四季常青代表坚韧生命力的松子仁，以及形似佛手、寓意吉祥安康的佛手柑。这三味相得益彰，共同演绎出一盏清雅脱俗的茶中雅品。为此，乾隆还专门作《三清茶诗》表达对三清茶的内涵解读：“梅花色不妖，佛手香且洁。松实味芳腴，三品殊清绝。”其背后的含义是为官要像梅花一样品格芳洁，像松树一样不畏风霜，像佛手一样清正无邪，寄托着乾隆对自己和臣僚的勉励与期待。

乾隆曾六次南巡，其中有四次走进杭州的西湖茶区，可见他对龙井茶情有独钟。

清乾隆十六年（公元 1751 年）农历三月十一日，乾隆第一次到西湖茶区，初上龙井，他仔细察看了采茶、炒茶的全过程，赋诗一首《观采茶作歌》。诗中写道：“火前嫩，火后老，惟有骑火品最好。”

清乾隆二十二年（公元 1757 年）农历三月初二，乾隆第二次到西湖茶区，二上龙井，写下另一首《观采茶作歌》。诗中写道：“无事回避出采茶，相将男妇实劳劬。”

清乾隆二十七年（公元 1762 年）农历三月初一，乾隆第三次到西湖茶区，三上龙井，品尝了用龙井泉水烹的龙井茶后，赋诗一首《坐龙井上烹茶偶成》。诗中写道：“龙井新茶龙井泉，一家风味称烹煎。”此外，他还在龙井寺里题下了“过溪亭”“涤心沼”“一片云”“风篁岭”“方圆庵”“龙泓涧”“神运石”“翠峰阁”八景景名，并题诗《初游龙井志怀三十韵》。更有意思的是，他亲手采摘了胡公庙前十八棵茶树的嫩芽，品饮后称赞其“色、香、味、形”俱佳，便赐封为贡茶，并御题“十八棵”。从此，十八棵成为专供皇家品饮的名茶。

清乾隆三十年（公元 1765 年）农历闰二月初七，乾隆第四次到西湖茶区，在杭州考察的十二天时间里三次上龙井，并写下《游龙井六首》《龙井八咏》《雨中游龙井》《再游龙井作》等茶诗。他在《再游龙井作》中写道：“问山得路宜晴后，汲水烹茶正雨前。”

每到茶区，乾隆便才思如泉涌。据统计，乾隆一生作诗 4 万多首，其中茶诗有 230 多首，仅写龙井的茶诗就有近 80 首，在历代嗜茶帝王中堪称第一。

乾隆首创了于每年正月初举行的重华宫茶宴。清代重华宫茶宴共举行了 60 多次，茶宴内容主要包括三个方面：一是皇帝命题定韵，由出席者赋诗联句；二是饮茶；三是诗品优胜者可得到皇帝赏赐的“御茶”和珍贵茶具。

乾隆五十年（公元 1785 年）和嘉庆元年（公元 1796 年），乾隆先后举行了两次“千叟宴”，出席人数分别为 3000 人和 5000 人，是中国历史上最大的两次宫廷茶宴。

乾隆的一生是才华横溢、风流倜傥的一生。乾隆用实际行动积极推动了茶文化的传承和发展，使得茶文化在清代达到了一个新的历史高度。用“茶痴皇帝”形容乾隆，一点都不为过。

郑板桥：一首茶词定姻缘

郑板桥原名郑燮，字克柔，号板桥，二十岁考取秀才，三十九岁中举人，四十三岁中进士，一生历经了康熙、雍正、乾隆三代皇帝。郑板桥的官职不高，仕途也不平坦，但清正廉明、不畏权贵、政绩卓著，留下了许多佳话为后人传颂。郑板桥在诗篇《潍县署中画竹呈年伯包大中丞括》中写道："衙斋卧听萧萧竹，疑是民间疾苦声。些小吾曹州县吏，一枝一叶总关情。"这首诗充分体现了郑板桥对基层民众的深厚感情和为官清正的铮铮铁骨。

作为清代"扬州八怪"的代表人物，郑板桥在诗、书、画方面皆造诣深厚，人称"郑三绝"。他的茶闻轶事也给后人留下了深刻印象。

茶既是郑板桥作品的重要组成部分，也是郑板桥开展艺术创作的精神伴侣。他把饮茶与诗词、书画创作融为一体，等同对待。郑板桥在《题画》一文中写道："茅屋一间，新篁数竿，雪白纸窗，微浸绿色，此时独坐其中，一盏雨前茶，一方端砚石，一张宣州纸，几笔折枝花。朋友来至，风声竹响，愈喧愈静。"这篇短文不仅说出了郑板桥淡泊宁静的人生境界，也深深表达了他对书画清茶相伴的生活的热爱与满足。

郑板桥另有名作《竹石图》，而《竹石图》上的题诗则画龙点睛，让书与画融为一体，堪称书画经典。题诗云："茅屋一间，天井一方，修竹数竿，小石一块，便尔成局，亦复可以烹茶，可以留客也。月中有清影，夜中有风声，只要闲心消受耳。"此诗的大意是："一间茅屋，一方天井，几竿修竹，瘦石一块，这样便自成一方天地，还可以在石头上煮茶，与朋友聊天。欣赏月下的竹影，聆听清风徐来，也悠然自得。"郑板桥把清贫的生活描写得如此生动惬意，甚至令人神往，不得不让人佩服。

郑板桥一生爱茶嗜茶，过着"书画清茶相伴"的极简生活，创作了不少绝佳的茶诗茶文茶画，甚至连他的婚姻都与茶相关，堪称因茶而起的"天赐奇缘"。

清雍正十三年（公元 1735 年），四十二岁的郑板桥生活穷困落魄，在扬州城里靠卖画为生。早春的一天，郑板桥到扬州城外寻幽访古，路过一户茅舍农家，看到院内杏花盛开，便敲门而入，流连徘徊于杏花之下。

这家的男主人已去世，养有五个女儿，前四个女儿均已出嫁，唯有五姑娘在家侍候老母。和善的老婆婆看到客人来访，热情地端上一杯茶，请郑板桥到院内的茅草亭里小坐。

郑板桥一边品茶，一边环顾庭院，无意间看到墙上挂的书法竟然是自己的作品。他便问老婆婆："你认识郑板桥吗？"老婆婆回答："久闻其名，未识其人。"郑板桥笑着说："我就是郑板桥。"老婆婆听后喜上眉梢，立刻起身向里屋喊道："女儿快来，郑板桥先生来啦。"不一会，清秀美丽的五姑娘走了出来，上前拜见郑板桥说："早就听说过先生的大名，非常喜欢读您的诗词。听说先生写过《道情》十首，先生能为小女子题写一幅吗？"郑板桥见五姑娘端庄秀丽，又爱好诗文，便欣然答应。

郑板桥取出随身携带的书囊，备好笺纸笔砚。五姑娘在一旁纤手磨墨，充满期待。郑板桥一纸书罢，却意犹未尽，便又题茶词一首《西江月》赠送给五姑娘。词云："微雨晓风初歇，纱窗旭日才温。绣帏香梦半朦腾，窗外鹦哥未醒。蟹眼茶声静悄，虾须帘影轻明。梅花老去杏花匀，夜夜胭脂怯冷。"五姑娘看到这首情意绵绵的茶词，更加爱慕郑板桥，笑中又带有些许羞涩。

老婆婆看到郑板桥与五姑娘两人你有情我有意，觉得机不可失，准备撮合这段姻缘。当老婆婆得知郑板桥丧偶未娶时，当即提出，她的这个小女儿名叫饶五娘，芳龄十七，平时很仰慕郑板桥的才华，这次偶遇可算命中缘分，希望两人能够定下终生。

郑板桥虽然心里高兴，却又忐忑不安。他说："我现在只是一介寒士，明年是丙辰年，朝廷开科取士。如果我能够考中进士，后年一定回扬州娶饶五娘。不知道饶五娘能不能等我？"老婆婆和饶五娘欣喜若狂，立即满口答应。郑板桥就以刚才所题的《西江月》茶词作为定亲凭证。

功夫不负有心人。在清乾隆元年（公元 1736 年）的殿试中，郑板桥一举考中进士。由于要打点有关事务，郑板桥在京师滞留了一年，未能及时返回扬州。这段时间里，饶家母女生活贫困，值钱的首饰均已卖光，甚至把家宅旁边祖上留下的五亩地也变卖了。当地一位富豪看到饶五娘才貌双全，就提出用七百两银子作为聘礼，纳饶五娘为妾。当时，饶母几乎动心，但饶五娘一口回绝，并对媒人说："我已经和郑板桥先生有了婚约，背约是不义之事，我相信郑板桥先生不会负我，不出一年一定会回来娶我。"

这时，江西商人程羽宸恰巧到扬州做生意，非常佩服郑板桥的才华，又听闻郑板桥和饶五娘的婚约之事，十分感动。程羽宸虽然与郑板桥素昧平生，但爱才心切，立即拿出五百两银子，代表郑板桥作为聘礼送到饶家，帮助饶氏母女渡过难关。

第二年，郑板桥终于依约回到扬州，程羽宸又慷慨相助，拿出五百两银子，为郑板桥完婚。终于，四十四岁的郑板桥与十九岁的饶五娘遵守信义、喜结良缘，书写了“一首茶词定姻缘”的风流佳话，让后人传颂。

曹雪芹：一部《红楼梦》，满纸茶叶香

清代作家曹雪芹不仅是一位见多识广、才华横溢的大文豪，也是一个十足的茶客。在中国历史上，曹雪芹是少有的在琴、棋、书、画、诗、词方面皆有心得的文人，在茶研究、鉴赏、烹煎方面的造诣更非一般作家所能及，这一点在四大名著之一的《红楼梦》中展现得淋漓尽致。

据统计，《红楼梦》中对形形色色的茶事、茶文的描写就有 260 多处，咏茶诗词或联句有 10 多首。比如：写茶的品类和功能，就有家常茶、敬客茶、伴果茶、品尝茶、药用茶、漱口茶等；写茶的名称，就有六安茶、虎丘茶、天池茶、阳羡茶、龙井茶、天目茶、老君眉、普洱茶、枫露茶等，其中杭州西湖的龙井茶、云南的普洱茶、湖南的君山银针等均是当代名茶。

在《红楼梦》中，曹雪芹几乎写尽了茶类、茶品、茶具、茶事、茶人、茶理、茶道、茶仪。后人赞誉道："一部《红楼梦》，满纸茶叶香。"倘若没有丰富的茶事经验，倘若不嗜茶、不精于茶，曹雪芹很难写出五彩缤纷的茶事，也不可能将茶带入一个瑰丽的文学世界。

自乾隆皇帝认为"雪水是烹茶最好的水"后，用雪水烹茶在清代风行一时。尤其是达官显贵和文人墨客，对雪水烹茶更是情有独钟。作为显贵之后，曹雪芹也不例外。

在《红楼梦》里，曹雪芹两处写到用雪水煎茶。第一处是在第二十三回，贾宝玉写了一组吟咏春夏秋冬的时令诗，其中《冬夜即事》一诗说到了以雪水煎茶："却喜侍儿知试茗，扫将新雪及时烹。"第二处是在第四十一回，有一段妙玉说雪水煎茶的文字：妙玉执壶，只向海内斟了约有一杯。宝玉细细吃了，果觉轻淳无比……黛玉因问："这也是旧年的雨水？"妙玉冷笑道："你这么个人，竟是大俗人，连水也尝不出来。这是五年前我在玄墓蟠香寺住着，收的梅花上的雪，共得了那一鬼脸青的花瓮一瓮，总舍不得吃，埋在地下，今年夏天才开了。我只吃过一回，这是第二回了。你怎么尝不出来？隔年蠲的雨水那有这样轻淳，如何吃得。"

曹雪芹的一生经历了从富贵荣华到贫困潦倒的大转折，

接触过社会的各个层面，具有丰富的社会阅历。茶与礼仪、茶与人伦、茶与祭祀、茶与风俗、茶与婚嫁、茶与审美、茶与健康等，均见于他的笔下。曹雪芹不仅写出了茶的丰富多彩，还写出了人的文化素养和品性，让茶的实用价值与审美价值交相辉映。

在第二十五回，王熙凤派人给黛玉送去暹罗国的贡品——暹罗茶，黛玉说“我吃着好”。凤姐乘机打趣：“你既吃了我们家的茶，怎么还不给我们家作媳妇？”这里就用了“吃茶”的民俗，即“吃茶”表示女子受聘于男家，又称为“茶定”。

在第七十六回，寂寞秋夜中，黛玉与湘云相对联句，情调凄清。妙玉听到后立即截住，于是三人同至栊翠庵烹茶咏诗，其中有“芳情只自遣，雅趣向谁言。彻旦休云倦，烹茶更细论”之句。表面上看，这是妙玉以茶自喻，道出自己洁身自恃、不俗的性格。其实，彻旦不眠、细论诗文，烹茶煮饮、不知倦意的人，也正是曹雪芹自己。

《红楼梦》借茶彰显出浓厚的人情味、人性美。《红楼梦》里面的“千红一窟”这个茶名，谐音为“千红一哭”，表达了曹雪芹对封建社会女性的深切关怀和同情。在《红楼梦》中，女性大多受到不公正的对待，唯有贾宝玉能够体察到身边女性的超凡才华和悲凉命运。所以，警幻仙子把“千红一窟”献给贾宝玉。《红楼梦》通过茶来展现日常生活的点点滴滴，让读者处处都能感受到人生与茶香的交织。其中的每一杯茶，都是一个故事，折射一种人生。

一部《红楼梦》，一杯清茶香。小说对于茶的刻画与描摹，让我们深深感受到，曹雪芹堪称中国千古茶事的真正知音。

鲁迅：喝茶是一种“清福”

鲁迅先生有一幅经典的人物画像，手拿香烟、眼神坚定、面色凝重，像是时刻准备着向敌人发起冲锋。其实，生活中的鲁迅不仅饮酒、吸烟，更是一位饮茶迷。

人们阅读鲁迅的代表作品，往往是《狂人日记》《阿Q正传》《药》《故乡》《孔乙己》《少年闰土》等经典篇目。其实，鲁迅的杂文《喝茶》在中国茶文化界同样影响深远。

鲁迅出生于家境殷实的封建士大夫家庭，自幼便与茶相伴。成长过程中，他养成了抄书的习惯。据传鲁迅抄过陆羽的三卷《茶经》，对产茶、制茶、泡茶、品茶颇有心得。

鲁迅在《喝茶》中写道：“有好茶喝，会喝好茶，是一种‘清福’。不过要享这‘清福’，首先就须有工夫，其次是练习出来的特别的感觉。”他在《喝茶》中还写道，有一次，他买了好茶叶，由于用的茶具不对，就像喝着粗茶一样。后来他弄懂了其中的奥秘，写道：“喝好茶，是要用盖碗的，于是用盖碗。果然，泡了之后，色清而味甘，微香而小苦，确是好茶叶。……”可见，人人都能喝茶，但喝茶的感觉会因人而异。比如，贩夫走卒喝茶，重在解渴解乏；达官贵人喝茶，重在休闲交友。二者喝茶的感受完全不同。

鲁迅在《喝茶》中阐述了他对喝茶与人生的独特理解，道出了他鲜明的喝茶观，并借喝茶来剖析当时社会的弊病，特别是讽刺那些无病呻吟的文人们。

鲁迅生长在茶乡绍兴，喝茶也就成了他的终身爱好，他在文章和日记中多次提及茶事。鲁迅在茶饮生活中有一个习惯，就是每次冲茶，都得随时取用开水。所以，在他住过的房间里，即使是在三伏天，也是备有炭钵的。炭火上支着三脚架，便于放置茶铫，方形木匣围在四周。所用的茶壶则不大不小，泡一壶茶只够斟上两三小杯。因此，就得屡冲屡斟，茶叶冲淡之后，便倒掉茶脚，再换茶叶。

在20世纪20年代的北京城，茶馆盛极一时，举凡联络感情、房屋交易、说媒息讼，都离不开茶馆。鲁迅在北京的时候，是青云阁茶楼的座上客，常在此喝茶伴吃点心，且饮且食，结伴而去，至晚方归。

鲁迅不仅在茶楼饮茶，还把工作室搬到了茶楼。北京当时有一种公园茶室，其中绿树林荫，鸟语花香。由于这里的客人比较少，相对清静，鲁迅便把茶室当作著译的理想场所。1926年，鲁迅与齐寿山合译的《小约翰》，就是在公园茶室完成的。前后约一个月间，鲁迅几乎每天下午都去公园茶室译书，直至译毕。鲁迅离京前，朋友们为他饯行，也选择在公园茶室，即北海公园琼华岛上的漪澜堂茶室。

20世纪20年代末，鲁迅在广州任教时，是广州著名的北国、陆园、陶陶居等茶楼的常客。他常在工作之余以茶会友，把茶馆的作用概括为三条：打听新闻，闲谈心曲，听听说书。“一杯在手，可以和朋友作半日谈。”鲁迅经常一边构思写作，一边悠然品茶。

在20世纪30年代的上海，每到夏天，沿街店铺大都备有茶桶，过路者可自行用一种长柄鸭嘴状竹筒舀茶水，渴饮解乏。鲁迅的日本好友内山完造，在上海北四川路开了一家书店，门口也放了一个茶桶。鲁迅会见友人、出售著作和购买书籍时常去内山书店，看到茶桶时总是十分兴奋，并多次资助茶叶，合作施茶。鲁迅还托人从家乡绍兴购买茶叶，亲自交与内山先生。鲁迅逝世后，内山完造曾写过一篇名为《便茶》的回忆文章，记述其事。

作为一位伟大的文学家、思想家，鲁迅淡泊明志、关注民生，以茶会友、施茶于众。可以说，鲁迅心中的茶，是真正意义上“粗茶淡饭”的茶，是真实、自然和淳朴的茶。鲁迅笔下的茶，绝不是简单的茶艺“功夫”，而是一种“茶外之茶”，需要慢慢品读和领悟。

郭沫若：把茶文化搬上大舞台

郭沫若是中国新文学奠基人之一，被邓小平评价为“继鲁迅之后，在中国共产党的领导下，在毛泽东思想的指引下，我国文化战线上又一面光辉的旗帜”。其一生创作了众多具有时代精神的诗篇，其中不乏吟咏茶乡、茶叶之名作。

出生于蜀茶之乡——四川乐山的郭沫若，不仅好饮酒，对饮茶也十分精通。他曾游历国内许多名茶产地，即兴创作过许多充满雅趣的纪游诗。

1903 年，年仅 11 岁的郭沫若写下诗歌《茶溪》：“闲酌茶溪水，临风诵我诗。”这是他的第一首纪游诗，也是他创作的第一首茶诗。

从青年时代起，郭沫若就喜爱饮茶，而且他是品茶行家，对中国名茶的色、香、味、形及历史典故十分熟悉。每次完成考察调研工作之后，郭沫若总会抽空去品茶，把品茶当作旅途中的最大乐趣和精神慰藉。每当遇到好茶，郭沫若便会忍不住题诗写字，不经意间让一些原本默默无闻的茶全国闻名，是名副其实的“茶文化大使”。

1940 年，郭沫若与《弹花》文艺月刊主编赵清阁一行同游重庆北温泉缙云山，并赠诗《缙云山纪游》：“豪气千盅酒，锦心一弹花。缙云存古寺，曾与共甘茶。”

1959 年，郭沫若陪外宾到广州参观访问后来到杭州，游湖中三岛，并先后登孤山、六和塔，游花港观鱼和虎跑，最后吟诗《虎跑泉》：“虎去泉犹在，客来茶甚甘。名传天下二，影对水成三。饱览湖山美，豪游意兴酣。春风吹送我，岭外又江南。”

随后，郭沫若陪外宾游览福建武夷山和安徽黄山，欣赏两山的名茶和名胜后吟诗一首：“武夷黄山一片碧，采茶农妇如蝴蝶。岂惜辛勤慰远人，冬日增温夏解渴。”

1964 年，郭沫若出席国际会议，途经广州，在北国酒家饮茶时也赋诗一首：“北国饮早茶，仿佛如在家。瞬息出国门，归来再饮茶。”

郭沫若不仅是诗人，还是一位剧作家，他旗帜鲜明地把茶文化搬上了大舞台。1942 年，他创作了剧本《孔雀胆》，描写的是元朝末年云南梁王的女儿阿盖公主与云南大理总管段功相思相爱的一段悲剧。

在剧中，作者郭沫若借主人公之口，道出了自己的泡茶心得：“在放茶之前，先要把水烧得很开。用那开水先把这茶杯茶壶烫它一遍，然后再把茶叶放进这‘苏壶’里面，要放大半壶光景。再用开水冲茶，冲得很满，用盖盖上。这样便有白泡冒出，接着用开水从这‘苏壶’盖上冲下去，把壶里冒出的白泡冲掉。这样，茶就得赶快斟了……”

一出《孔雀胆》，被茶领域专家称为“工夫茶的演示”。这也足见郭沫若对茶事的热爱与精通。

1980 年，郭沫若的家乡人为纪念他，专门研制了一款茶叶——“沫若香茗”，取乐山境内的沫江（大渡河）、若水（青衣江）源远流长之意。该茶主要产于四川乐山沙湾乡美女峰红旗茶场，为条形烘炒绿茶，条索紧细、色泽绿润、白毫显露、嫩香持久、滋味浓醇。

“沫若”既是水名，又是人名，还是茶名，实属难得。“沫若香茗”隐含并见证了郭沫若一生与茶叶结下的不解之缘。

老舍：用小茶馆折射大社会

自古以来，茶便与文人有着难解之缘，甚至可以称为文人骚客的“订制品”。作为中国现代著名小说家、文学家、戏剧家，老舍先生一生的爱好便是创作与饮茶。在他眼里，喝茶是一门艺术，正如他在《多鼠斋杂谈》中写道：“我是地道中国人，咖啡、蔻蔻、汽水、啤酒，皆非所喜，而独喜茶。有一杯好茶，我便能万物静观皆自得。”

老舍有边饮茶、边写作的习惯，这是他一生的习惯。因此，茶在老舍的文学创作活动中起到了绝妙的作用。他于1957年发表的话剧《茶馆》就是一个鲜明的例证。

《茶馆》是老舍后期作品中最为成功的一部，也是当代中国话剧舞台上最优秀的剧目之一，被国外学者称为“东方舞台上的奇迹”。

在老舍的笔下，《茶馆》生动展现了清末至民国近50年间裕泰茶馆的变迁，不仅是旧社会的缩影，还重现了旧北京的茶馆文化。热闹的茶馆除了卖茶外，也卖点心与菜饭。玩鸟、卖艺的人，会在茶馆歇歇腿、喝喝茶；商议事情、说媒拉纤的人，也会光顾茶馆。

小茶馆是一个大社会，这就是老舍笔下的茶馆，也是茶馆背后的深意。为何老舍能够创作出现实主义题材的话剧《茶馆》呢？一方面是因为他对茶的热爱，另一方面是因为他对社会的思考。

下层旗人出身又久居北京的老舍，有着丰富的底层阅历。老舍出生的第二年，充当护军守卫皇城的父亲，在抗击八国联军入侵的巷战中阵亡。从此，老舍全家便依靠母亲给人缝洗衣服和充当杂役的微薄收入为生。老舍在大杂院里度过了艰难的幼年和少年时期。这种生活经历，让他从小就熟悉挣扎在社会底层的城市贫民，也让他喜爱上了流传于北京市井中和茶馆里的曲艺、戏剧。

老舍的出生地在北京小杨家胡同附近，当时那里就有茶馆。他每次从门前走过时，总爱瞧上一眼，或驻足停留一阵。成年后，他也常与朋友一起去茶馆品茶。因此，他对北京茶馆十分熟悉，并对茶馆背后的社会有着深刻的理解。

老舍曾在《答复有关〈茶馆〉的几个问题》中写道：“我不熟悉政治舞台上的高官大人，没法子正面描写他们的促进与促退。我也不十分懂政治。我只认识一些小人物，这些人物是经常下茶馆的。那么，我要是把他们集合到一个茶馆里，用他们生活上的变迁反映社会的变迁，不就侧面地透露出一些政治消息么？这样，我就决定了去写《茶馆》。”

在日常生活中，老舍对茶的热爱可谓达到极致。不论绿茶、红茶，还是花茶，他都爱品尝一番。他的茶瘾很大，尤其喜欢喝浓茶，常一日三换，早中晚各泡一壶。

老舍酷爱喝花茶，并且随时自备上品花茶。汪曾祺在他的散文《寻常茶话》里说：“我不太喜欢花茶，但好的花茶例外，比如老舍先生家的花茶。”每次去冰心家做客，老舍一进门就大声问：“客人来了，茶泡好了没有？”冰心总是用她家乡福州盛产的茉莉香片款待老舍。

抗战期间，蛰居重庆、嗜茶如命的老舍居然提出要戒茶，原因是物价高涨。“不管我愿不愿意，近来茶价的增高已教我常常起一身小鸡皮疙瘩。”粮价涨，茶也凑热闹。可在老舍眼里，茶与粮食一样重要。老舍只是发发牢骚，但没有真正戒茶。

后来，老舍在回忆抗战期间生活旅程的《八方风雨》中写道：“我的香烟由使馆降为小大英，降为刀牌，降为船牌，再降为四川土产的卷烟——也可美其名曰雪茄。别的日用品及饮食也都随着香烟而降格。”但是，茶叶一直是老舍随身必带之物，并未降格。

在云南居住的一段日子里，朋友相聚时，老舍请不起吃饭，就烤几罐土茶，围着炭盆，大家一谈就谈几个钟头，颇有点“寒夜客来茶当酒”的儒雅之风。

老舍谢世后，他的夫人胡絜青仍十分关注和支持茶馆行业的发展。1983 年 5 月，北京个体茶室“焘山庄”开业时，她手书茶联“尘滤一时净，清风两腋生”相赠，还亲自上门祝贺。

冰心：把乡愁寄托于茉莉花茶

世纪老人冰心，原名谢婉莹，1900 年 10 月 5 日出生于福州长乐一个具有爱国情怀和维新思想的海军军官家庭，是现代著名女作家、儿童文学家、诗人。

作为福建人，冰心对茶的爱好有着深厚的渊源。福州长乐是茉莉花的主要产地，19 世纪后期到 20 世纪 20 年代正是福州茉莉花茶发展的鼎盛时期，也是福州成为全国窨制花茶中心的重要时期。生于 1900 年的冰心，在茉莉花茶蓬勃发展的时代背景和饮茶风气浓郁的家庭背景下成长，对茉莉花茶的深厚感情不言而喻。味美香郁的福建茉莉花茶在北京大受欢迎，家乡人到北京看望她时，也总是给她带上茉莉花茶。这都为冰心爱茶创造了独特条件。

冰心和著名社会学家吴文藻结婚后，北大燕南园家里虽然陈设着好友周作人送的一套日本茶具，但在很长一段时间里，茶壶内装的都是凉开水。有一天，闻一多、梁实秋等好友结伴来访，刚刚坐定，却说出去一下再回，原来他们是出去买烟和茶叶了。此后，冰心家里才有意识准备待客的茶和烟。

抗战时期，冰心全家避难陪都重庆。在重庆歌乐山居住的冰心，百无聊赖，以品茶创作为最大乐趣。她写道："我一面用'男士'的笔名，写着《关于女人》的游戏文学，来挣稿费，一面沏着福建乡亲送我的茉莉香片来解渴。这时我总想起我故去的祖父和父亲，而感到茶特别香洌。我虽然不敢沏得太浓，却是从那时起一直喝到现在。"

当时，老舍常到她的家里做客，并且每次都提出要喝茶。老舍在赠给冰心和吴文藻的诗中写道："中年喜到故人家，挥汗频频索好茶。且共儿童争饼饵，暂忘兵火贵桑麻。酒多即醉临窗卧，诗短偏邀逐句夸。欲去还留伤小别，阶前指点月钩斜。"由此可见老舍与冰心的深厚情谊，也反映出他们以茶会友、以茶抒怀的共同追求。

冰心曾在《茶的故乡和我故乡的茉莉花茶》一文中写道："中国是世界上最早发现茶利用茶的国家，是茶的故乡。我的故乡福建既是茶乡，又是茉莉花茶的故乡……花茶的品种很多，有茉莉、玉兰、珠兰、玫瑰、玳玳等，而我们的家传却是喜欢饮茉莉花茶，因为茉莉花茶不但具有茶特有的清香，还带有馥郁的茉莉花香。”

中年之后，冰心便始终坚持喝茶的习惯。晚年时，喝茶更是雷打不动的日常生活。1989 年，冰心写了一篇叙事散文《我家的茶事》。她在文中写道：“现在我是每天早上沏一杯茉莉香片，外加几朵杭菊……”其实，对家乡和亲人的思念，才是冰心品饮清茶的味外之意。当时，89 岁高龄的冰心仍然坚持喝茉莉花茶，这一方面体现了她对茶的挚爱，另一方面也体现了她已将全部的乡愁寄托在小小一杯茉莉花茶之中。

1990 年底，冰心的女儿吴青到福建出差，时任福建省文联党组书记的林德冠去看望她，顺便拿了两罐家乡的茉莉花茶托吴青转送冰心，表达一点心意。没过几天，冰心专门写信向林德冠致谢：“小女回京，奉到您赐我的茶叶两罐，不但容器好看，茶叶更有‘乡’味！不胜感激！”

冰心的一生是文学创作的一生，也是钟情茉莉花茶的一生。

林徽因：把“太太的客厅”打造成高级朋友圈

1955 年 4 月 3 日，在林徽因的追悼会上，金岳霖题写一副挽联：“一身诗意千寻瀑，万古人间四月天。”这副挽联不仅赞美了林徽因的才华和诗意，还将她的作品《你是人间的四月天》中的美好意境赋予了永恒意义，是对林徽因的一生最简洁、最深刻、最诗意的评价。

林徽因是一个活在人间四月天的才女，生也灿烂，死也从容。其精彩人生的背后，与茶有着深厚的情缘。

林徽因祖籍福州，这里是茉莉花茶的发源地。她年少时留学英国，受到西方下午茶文化的熏陶，逐渐把喝茶变成了日常习惯，并且十分注重仪式感。1928 年，林徽因回到福州老家，常常在旧宅花园的荷花池旁喝茶，插花、焚香之余，还要换上白色飘逸的服装，通过庄重的仪式感营造出清新雅静的氛围。

以建筑学为主业、以文学为爱好的林徽因，一生只留下了几十首诗，其中涉及茶的诗作虽然不多，却很有分量，从中足以看出茶在她人生不同阶段的特殊意义。

1934年5月，林徽因在《学文》1卷1期发表经典诗作《你是人间的四月天》，其中写道："我说你是人间的四月天，笑响点亮了四面风，轻灵在春的光艳中交舞着变。你是四月早天里的云烟，黄昏吹着风的软，星子在无意中闪，细雨点洒在花前。"该诗的结尾"你是爱，是暖，是希望，你是人间的四月天"，这无疑更加温暖人心、充满力量。毫不夸张地说，林徽因的一生就犹如这首诗描述的美丽风景，永远充满着爱和希望，像春天一样有着不会老去的芳华。

1937年1月31日，林徽因在天津《大公报·文艺副刊》上发表《静坐》一诗。诗中写道："冬有冬的来意，寒冷像花。花有花香，冬有回忆一把。一条枯枝影，青烟色的瘦细，在午后的窗前拖过一笔画：寒里日光淡了，渐斜……就是那样地，像待客人说话。我在静沉中默啜着茶。"即便是在荒凉寂寥的寒冬，林徽因的笔下依然可以呈现出画面感和意境美。这充分体现了一代才女林徽因品茶沉思时的细腻情感与宁静脱俗的人生态度。

林徽因的前半生，几乎沉浸在"琴棋书画诗酒茶"的风雅与闲情中。当时知识分子之间盛行以茶会、座谈等方式组织沙龙、研讨。林徽因和梁思成时常在自家租住的四合院里组织茶话会，把“太太的客厅”打造成思想碰撞的文化交流平台。

每逢清闲的星期六下午，在林徽因和梁思成组织的“太太的客厅”活动中，新文化领袖胡适、政治学家张奚若、物理学家周培源、考古学家李济、哲学家金岳霖、作家沈从文、诗人徐志摩等英才都会聚集在一起，纵论古今、交流学术，谈天说地、畅抒胸臆，形成了“谈笑有鸿儒，往来无白丁”的文化氛围，赋予了茶更深层次的文化意义。

在当时，文艺界、学术界的英才们能够在品茗中追寻人生之乐，彰显学问之美，无疑是极为难得的。林徽因主持的茶话会从 1931 年坚持到 1937 年，后因全面抗战爆发而被迫中止，虽然只持续了六年，却是中国近代史上颇具代表性的高层次、高品位的文化沙龙活动，堪称“高级朋友圈”。

茶因为林徽因在不同时期的经历，有着不一样的内涵。林徽因的一生，犹如一杯茉莉花茶，散发出独特的香味，在“爱与被爱”中诠释着：女性不仅可以拥有绚丽多姿的人生，还可以成为自己命运的主宰。不论是在被众星捧月的岁月中，还是在颠沛流离的日子里，有茶相伴，林徽因便自觉身处“人间四月天”。

第四讲

茶品——美美与共

引语

茶之美，是一种和睦相处、和谐共生之美，其核心在于外在美与内在美的有机统一。茶有许多种类，风格各异，正如人生百态，形形色色。正因如此，六大茶类可以在全球范围内争奇斗艳、香溢人间，各美其美、美美与共。从一定意义上讲，茶叶没有好坏之分，只有特色之别。

茶叶品类的历史演进

在数千年的发展历程中，茶叶主要经历了药用、食用到饮用的重要发展。与此相对应的是，茶叶制作经历了三个漫长的演变历程：一是从茶鲜叶、干叶到蒸青团茶；二是从蒸青团茶到炒青散茶；三是从炒青散茶发展为六大茶类。

从饮用的视角看，茶类的诞生与演进标志着制茶工艺推陈出新，见证着茶饮文化日益繁荣。绿茶、黄茶、红茶、乌龙茶、黑茶、白茶六大茶类的形成，不仅深刻反映了不同历史时期茶种植、茶工艺、茶文化的演进与创新，也折射出人类对茶叶的思维认知与利用方式的不断进步，还体现出特定的历史背景和地域文化对茶产业发展的影响。

通过对比六大茶类的诞生与演进过程，我们可以清晰地观察到中国制茶工艺的创新与变革历程。

第一，绿茶的历史演进。上古时期，人们药用、食用茶叶的方式主要是嚼生叶、做餐菜、煮菜粥。三国时期，饼茶制法的雏形出现，即先将茶叶制成茶饼，饮用时再碾碎烹煮。唐代之后的主要制茶工艺是把鲜叶洗净后蒸青。从此以后，伴随蒸青团茶、蒸青散茶、炒青散茶的出现，绿茶的茶香茶味得到了大幅改进提升。

第二，黄茶的历史演进。黄茶之名最早出现于唐朝。在唐代，享有盛名的安徽霍山茶和四川蒙顶茶均因茶叶自然发黄而得名，并非采用闷黄工艺制作而成。直到闷黄工艺出现后，人们才创制出了真正意义上的工艺黄茶。

第三，红茶的历史演进。红茶制法起源于明朝。晚明时社会动荡，相传当时有一支军队从江西进入福建，过境茶乡武夷山桐木关时占据了当地茶厂。当地茶农为了躲避战火而逃入山中。躲避期间，待制的茶叶因无法及时用炭火烘干而过度发酵产生红变。这就是历史上最早的红茶——正山小种的雏形。之后，红茶制作工艺传到安徽、江西等地，迅速风行全国。到了清末，红茶制作工艺更加成熟，成为独立的茶类。

第四，乌龙茶的历史演进。明洪武年间，朝廷颁令罢龙团，改制散茶，炒青绿茶成为主流，这为后来乌龙茶工艺的发展奠定了基础。清代武夷山茶人在长期实践中系统完善了萎凋与做青工艺，研制出红绿相染之茶——乌龙茶。

第五，黑茶的历史演进。黑茶制法起源于北宋熙宁年间的雅安藏茶和明嘉靖年间的湖南安化黑茶。北宋熙宁七年（公元 1074 年），朝廷在雅安设立茶马司，雅安藏茶源源不断输入西藏，不过，这种茶叶的黑茶特性源于运输途中的自然发酵，还不是后世的黑茶。明嘉靖三年（公元 1524 年）前后，湖南安化茶人采用渥堆工艺制成香韵天成的黑茶。与其他茶类不同的是，黑茶普遍能够长期保存，具有越陈越香的品质特性。

第六，白茶的历史演进。白茶制法发端于唐代，成熟于清代。陆羽《茶经》中对白茶有相关记载。宋徽宗赵佶在《大观茶论》中也曾提到白茶，称其“自为一种，与常茶不同”。不过，唐宋时期的白茶并非现代意义上的白茶。清光绪十六年（公元 1890 年）左右，福建福鼎茶农用大白茶品种的芽毫试制白毫银针成功，标志着白茶制作技艺的成熟与标准化。

中国六大茶类的划分，主要依据茶叶的发酵程度。发酵程度的不同，导致茶叶在条形、汤色、口感、香气、叶底等方面有明显差异。六大茶类特色鲜明、风格迥异，各美其美、美美与共，让中国茶充满神奇与奥妙。总之，六大茶类承载着深厚的历史文化底蕴和独特的饮食哲学，顺应了人们对物质口感和精神品质的双重需求，无一不是中国茶产业和茶文化的瑰宝。

绿茶的基本特征与主要代表

一、绿茶的基本特征

绿茶属于未发酵茶，可品可赏，形态自然，色泽以绿色为主。人们通常采取茶树的鲜叶或芽头，经过杀青、揉捻、干燥等工艺制成绿茶，这一工艺能有效保留鲜叶内的天然物质。绿茶大都具有干茶绿、汤色绿、叶底绿的特点，传统中医一般认为绿茶具有提神清心、消热解暑、消食化痰、降脂减肥、生津止渴、降火明目等功效。

二、绿茶的主要代表

（一）西湖龙井

唐代茶圣陆羽撰写的《茶经》中就有关于杭州天竺、灵隐二寺产茶的记载。西湖龙井茶因产于杭州西湖龙井村周围的群山之中而得名，相关工艺形成于明代，盛行于清代。在悠久的历史中，西湖龙井茶一度成为中国名茶之首，长期被列为贡茶和国家外交礼品茶。清朝乾隆皇帝下江南游西湖时，曾盛赞西湖龙井茶，并把狮峰山下胡公庙前的十八棵茶树封为“御茶”。清明节前采摘的龙井茶被称为“明前龙井”，拥有“女儿茶”的美誉。茶联的集大成者《百茶联》中有专联赞赏西湖龙井茶：“院外风荷西子笑，明前龙井女儿红。”千百年来，名扬天下的西湖龙井茶与西湖交相呼应，是人与自然、人与文化的完美结晶。

（二）信阳毛尖

传说中，早在东周时期，茶就在当时中国的政治经济中心、今河南地区开始传播，并在具有地理生态优势的信阳一带被种植生产。在唐代，信阳是著名的“淮南茶区”。据说，苏东坡曾有评价：“淮南茶，信阳第一。”在清末，信阳本地人把信阳茶叶称为“本山毛尖”或“毛尖”，信阳毛尖由此得名。 1915 年，信阳毛尖在巴拿马万国博览会上获金奖。至今，信阳毛尖茶的驰名产地依然是“五云两潭一寨一门”，即信阳市浉河区董家河镇车云山、集云山、云雾山、天云山、连云山，浉河港镇黑龙潭、白龙潭，何家寨，谭家河乡土门村。

（三）碧螺春

碧螺春茶的炒青工艺成熟于明代，其主要产区大致位于今江苏苏州的太湖洞庭东、西山一带，当地民间常称之为“吓煞人香”。清朝康熙皇帝视察太湖时，曾赐名“碧螺春”。洞庭碧螺春产区是国内著名的茶、果间作区。茶树和桃、李、杏、梅、柿、橘等果木交错种植，令碧螺春茶具有与众不同的天然茶果味，以形美、色艳、香浓、味醇等“四绝”闻名于世。

（四）恩施玉露

在唐代，恩施茶被誉为“施南方茶”。明代雅士黄一正在著作《事物绀珠》中写道：“茶类今茶名……崇阳茶、蒲圻茶、圻茶、荆州茶、施州茶、南木茶（出江陵）。”清康熙年间，茶商蓝耀尚在传统蒸青茶基础上改良而成“玉绿”茶，因茶绿、汤绿、叶底绿而得名，后因其香鲜爽口、外形光滑、色泽翠绿、毫白如玉而改名为“玉露”。整形上光是制作恩施玉露的重要工序，是促使其光滑油润、挺直细紧、汤色明亮、香浓味醇的关键。恩施玉露因富硒被称为“中国硒茶之王”。

（五）六安瓜片

六安瓜片属于绿茶特种茶类，主要产区在安徽省六安市大别山一带，是世界各类茶叶品种中唯一无芽无梗的茶叶。在制作六安瓜片时，先将采回的鲜叶去芽、剔梗，再将嫩叶、老叶分开炒制，片状的茶叶因形似葵花子而被称为“瓜子片”或“瓜片”。六安瓜片虽然由单片生叶制作而成，但茶味浓而不苦、香而不涩，一直是中国传统的历史名茶，在明代名为“六安片茶”，被朝廷列为贡茶。在清代，朝廷也将此茶列为贡茶，而“六安瓜片”的名称则大致定型于清末民初。1971 年，美国国务卿基辛格访华时，六安瓜片被作为国礼相赠，是茶叶外交的“历史见证者”。

黄茶的基本特征与主要代表

一、黄茶的基本特征

黄茶属于微发酵茶，加工工艺近似绿茶，只是在干燥过程之前或之后，会增加一道“闷黄”工艺，通过闷黄的热化作用，促使茶坯进行非酶性的自动氧化，从而形成干叶黄、汤色黄、叶底黄的鲜明特征，使黄茶具有提神醒脑、消除疲劳、消食化滞等功效。闷黄是形成黄茶品质的关键工序，也是工艺黄茶的标志性特征。黄茶从古至今都有，但在不同的历史时期，人们观察评价黄茶的标准不同，对黄茶类别、品质、内涵的界定也有差异。例如过去一般认为安徽霍山黄芽和四川蒙顶黄芽等是品种黄茶的代表，君山银针、广东大叶青等是工艺黄茶的代表；然而，如今的霍山黄芽、蒙顶黄芽通常也用闷黄工艺制成，再强调“品种黄茶”和“现代黄茶”之分可能就不合适了。

二、黄茶的主要代表

（一）君山银针

位于湖南省岳阳市君山区洞庭湖中岛屿之上的君山，又名洞庭山，产茶历史悠久，在唐代就已出名。在清代，乾隆皇帝下江南时曾品尝过君山银针，对其十分赞许。清中后期，君山银针被正式列入朝廷贡茶。君山银针干茶包裹坚实，满披茸毛，底色金黄，冲泡后如黄色羽毛一样根根竖立，形如一根根银针， 1956 年，媒体誉其“金镶玉”。

（二）蒙顶黄芽

四川省雅安市蒙顶山是中国历史上有文字记载的人工种茶最早的地方。西汉即有确切记载，距今已有两千多年的历史。蒙顶黄芽是芽形黄茶的典型代表，主产区在蒙顶山。蒙顶黄芽外形扁直，芽条匀整，色泽嫩黄，芽毫显露，花香浓郁，汤色黄亮碧透，口感甘醇鲜爽，自古便是黄茶中的极品。清朝时，蒙顶黄芽被朝廷列为贡品。如今，昔日贡茶已入寻常百姓家。

（三）霍山黄芽

安徽省六安市霍山县的种茶产茶历史可上溯到西汉时期。明朝时，霍山茶被列为朝廷贡品，但属炒青绿茶，与黄芽无关，至清乾隆时期，霍山黄芽作为独立品类被列为贡茶。清末民初时，霍山黄芽的制作工艺一度失传，1971 年安徽农科院与霍山茶厂根据古籍记载尝试复原，直到 20 世纪 80 年代，最终确定制作工艺，随后霍山黄芽迅速迈入全国名茶行列。

（四）远安黄茶

湖北省宜昌市远安县是嫘祖故里，种茶产茶的历史悠久，是全国有名的黄茶产区，被誉为“陆羽《茶经》第一县”。有史书记载：南宋宝庆元年（公元 1225 年），鹿苑寺开始种植茶树。其实，鹿苑茶就是远安黄茶的前身，至今已有 800 年的历史。清朝乾隆年间，鹿苑茶被列入朝廷贡茶。远安黄茶孕育于具有独特禀赋的丹霞地貌之中，外形呈条索环状，色泽金黄，汤色明亮，香气持久，口感绵长，叶底匀整，被今人雅称为“杯中黄金”。1966 年，远安黄茶采摘、制作、贮藏等工艺被编入全国高等农业院校试用教材《制茶学》一书。

（五）广东大叶青

广东大叶青以广东本地群体种茶树的一芽二、三叶为原料，经过萎凋、杀青、揉捻、闷黄、干燥五道工序制作而成。与其他黄茶制法不同的是，广东大叶青需要先萎凋后杀青，再揉捻、闷黄，主要目的是消除鲜叶里的青气涩味，从而使之香气醇和、口感纯正。据说大叶青茶的研制始于明朝隆庆年间，距今已有400多年的历史。清朝时，黄茶制作工艺广泛传播并趋于成熟，广东大叶青一跃成为黄茶的新秀，以其独特的"锅巴香"和叶大梗长形态在中国黄茶中别具一格，被誉为茶界的"低调王者"。

红茶的基本特征与主要代表

一、红茶的基本特征

红茶属于全发酵茶，以适宜的茶树新芽叶为原料，经过萎凋、揉捻、发酵、干燥等工艺制作而成，因其干茶与冲泡茶汤呈现出特有的深红色而得名。红茶含有维生素、咖啡因、氨基酸、矿物质、多糖、茶多酚等营养成分，通常被认为具有抗氧化、抗肿瘤、抗炎抑菌、清热解表等功效。目前已知的最早的红茶——正山小种，由明代福建武夷山的茶农研制而成。从全球茶叶消费市场看，全球红茶总产量常年占全球茶叶总产量的半数以上，红茶消费总量也超过其他茶类的总和。

二、红茶的主要代表

（一）正山小种

正山小种又称桐木关小种，特指产自武夷山脉主峰黄岗山西南的桐木村及相邻高海拔地域，并采用传统烟熏工艺制作而成的小种红茶。16 世纪末至 17 世纪初，正山小种被荷兰商人从中国带入欧洲，很快风靡于欧洲国家的王公贵族之间，推动了红茶在欧洲的普及。在欧洲茶史上，正山小种一直是早期中国红茶的象征，被誉为可考证的“世界红茶的鼻祖”。

（二）祁门红茶

关于安徽省黄山市祁门县所在的古歙州地区产茶的记载最早见于唐代茶圣陆羽所撰的《茶经》。清光绪年间，祁门茶人胡元龙利用当地祁门种茶树的中叶，创制出条形紧细、外形秀丽、香气绵长、汤色明亮、口感甘柔的工夫红茶——祁门红茶。祁门红茶于九江茶市集散，崛起于汉口外贸，以“香高、味醇、形美、色艳”闻名中外，一度成为英国王室的至爱饮品，有“万里群芳最”和“红茶皇后”的美称。《百茶联》称它“祁红特绝群芳最，清誉高香不二门”。祁门红茶作为中国茶的代表多次出现在外交场合。

（三）滇红

滇红是云南红茶的简称，属于大叶种类型的工夫茶，是中国工夫红茶的后起之秀。1938 年 9 月中旬，中国茶叶公司委派技师冯绍裘和专员郑鹤春调研云南茶叶的产销情况，选定临沧市凤庆县种植并试制红茶。1939 年 3 月起，试制成功的红茶开始批量生产，起初以“云红”之名销往香港茶市，赢得广泛赞誉。后来，中国茶叶公司正式将凤庆红茶命名为“滇红”。滇红创始人冯绍裘改变了中国红茶的历史，后来被誉为“中国机制茶之父”。20 世纪 50 年代，滇红工夫茶被确定为外事礼茶。1986 年，英国女王伊丽莎白二世访华时，中国政府将凤庆县生产的“滇红工夫茶”金芽茶珍品作为国礼馈赠女王。

（四）利川红

湖北省恩施土家族苗族自治州利川市自然条件优越，土壤含硒量高。唐朝时，利川所在的鄂西茶区就是朝廷贡茶产区，即陆羽《茶经》里记载的“巴山、峡川”产区。19 世纪中叶，利川是“宜红”工夫红茶的重要产地，据传这一时期，利川茶农开始为英资买办商人加工远销欧洲各国的出口红茶。利川红具有“玛瑙红、花蜜香、冷后浑”的鲜明特征，不仅是湖北红茶的传统品牌，也是中国红茶的新兴代表。2019年，利川红成为在武汉举办的第七届世界军人运动会红茶类独家供应品牌，享誉世界。

（五）信阳红

陆羽在《茶经》中留有“淮南以光州上”的记载，据说宋代大文豪苏轼也曾发出“淮南茶，信阳第一”的感叹。千百年来，信阳作为长江以北的名茶主产区，一直以生产绿茶为主；2010年当地成功试制小叶种红茶，彻底改变了淮河以北不规模化生产优质红茶的历史。2010年起，信阳红先后登陆郑州、北京、武汉、福州、上海等地，在全国范围内掀起一股“信阳红风暴”。2011年春天，“龙潭信阳红”成为河南代表团推荐用茶亮相人民大会堂。信阳红具有品类新、口味新、工艺新、原料新的鲜明特征，集中原大地之厚重、北国江南之灵秀、新派红茶之风尚于一体，可谓浑然天成，厚积薄发。

乌龙茶的基本特征与主要代表

一、乌龙茶的基本特征

乌龙茶又称青茶，属于半发酵茶，经萎凋、做青、杀青、揉捻、干燥等工艺制作而成，拥有天然的花果香味和“绿叶红镶边”的特征，内含茶多酚、生物碱、茶氨酸等多种活性成分，在抗氧化、抗过敏、降血脂、调节肠道菌群、预防心血管疾病等方面有一定功效，是中国传统特色茶类。

二、乌龙茶的主要代表

（一）铁观音

铁观音属于半发酵乌龙茶，原产地为福建省泉州市安溪县西坪镇，主要分为清香型、浓香型、陈香型三大类别，有“七泡有余香”之美誉。铁观音独具“观音韵”，具有“香、浓、醇、甘”的鲜明特征。目前，铁观音主要产于福建，因其品质优异、香味独特而畅销全球。

（二）武夷岩茶

武夷岩茶特指产于闽北独特丹霞地貌武夷山岩上的乌龙茶类的总称，具有“甘、醇、鲜、滑”的鲜明特征。武夷岩茶是乌龙茶类的明珠。自18世纪传入欧洲后，武夷岩茶倍受当地人的青睐，据说曾获得“百病之药”的美誉。武夷岩茶中的大红袍、白鸡冠、铁罗汉、水金龟等被列为四大名丛。

（三）黄金桂

黄金桂原产于福建省安溪县虎邱镇罗岩村，是以黄旦品种茶树的嫩梢制作而成的乌龙茶，因其汤色为金黄色、有奇香似桂花而得名。黄金桂创制于清朝咸丰年间，色泽黄，叶片薄，叶梗细，获“未尝清甘味，先闻透天香”的美称。与铁观音相比，黄金桂具有“一早二奇”的鲜明特征。“一早”为萌芽、采制、上市早，黄旦品种一般为4月中旬采制，比铁观音早约20天；“二奇”为外形“黄、匀、细”，内质“香、奇、鲜”。

（四）凤凰单丛

凤凰单丛原产于广东省潮州市潮安区凤凰镇，南宋时期即有记载，相关工艺成熟于清末民初，因单株选育、单株采制而得名。凤凰单丛是中国茶树品种中自然花香最浓厚、花香类型最多样、口感韵味最独特的珍稀高香型名茶品种，被誉为“茶中香水”和“茶香之王”，具有“形美、汤艳、香郁、味甘”四绝的鲜明特征。曾有茶文化学者如此称赞凤凰单丛：“愿充凤凰茶山客，不作杏花醉里仙。”

（五）冻顶乌龙

冻顶乌龙茶又称冻顶茶，出产于我国台湾省南投县鹿谷乡附近的冻顶山一带。相传清咸丰五年（公元 1855 年），台湾省南投县鹿谷乡村民林凤池前往福建参加科举考试，还乡时带回乌龙茶苗 24 株，种植在冻顶山一带，逐渐发展成为如今的冻顶茶园。冻顶乌龙茶一年四季均可采摘炒制，以春茶品质最优，香高味浓，色艳甘醇，经久耐泡，是知名度极高的茶品，被誉为“茶中圣品”。

黑茶的基本特征与主要代表

一、黑茶的基本特征

黑茶属于后发酵茶，产于云南、湖北、湖南、广西等地，是在内地与边疆地区开展茶马交易的过程中演化发展出来的茶类。黑茶经过杀青、揉捻、渥堆、干燥等工艺制作而成，因成茶色泽变黑变褐而得名。冲泡后呈现出独特的陈香气味，口感浓厚醇和，内含维生素、矿物质、氨基酸和糖类物质等，初步研究显示，黑茶中的茶多糖等成分可能有助于调节血脂，适量饮用或对心血管健康有益。

二、黑茶的主要代表

（一）普洱茶

普洱茶的历史十分悠久，相传早在三千多年前武王伐纣时，云南种茶先民濮人就已经献茶给周武王。云南省澜沧县富东乡邦崴村发现的过渡型古茶树，部分学者认为其就是濮人栽培茶树遗留下来的活化石。普洱茶讲究冲泡技巧和品饮艺术，既可以清饮，也可以混饮，其汤色橙黄浓厚，香气独特持久，口感浓醇润滑，经久耐泡，容易保存。普洱茶主要分为生茶和熟茶两种类型。普洱生茶是中国古茶的典型代表，长期陈化的优质生茶被誉为“可入口的古董”，时刻散发着历史的陈香，正所谓“香于九畹芳兰气”。

（二）雅安藏茶

雅安藏茶属于深度发酵茶，因畅销于藏区而得名，至今已有近千年的历史，在不同的历史时期又称乌茶、边茶、边销茶等。雅安藏茶的制作工艺主要包括采割、原料茶初制、成品茶加工等三个环节，在古代主要依靠茶号和茶厂的传统制茶工匠在加工过程中代代口授心记流传，至近代才有相关文字记载。雅安藏茶自古以来与藏族同胞的日常生活密切相关，是我国藏族同胞的民生之茶，也是各民族团结的重要纽带。雅安藏茶也流行于我国西北地区其他少数民族同胞之间，许多地区自古就有“宁可三日无粮、不可一日无茶”的说法。

（三）安化黑茶

安化黑茶因产自湖南省益阳市安化县而得名。唐朝时，含有安化部分区域的古渠江产茶名为“渠江薄片”，宋代被朝廷列为贡品。明嘉靖三年（公元1524年），安化黑茶之名正式见诸文字。16世纪末期，安化黑茶已位居中国边销茶之首，被定为官茶，远销中国西北各地。明末清初时，安化县一度出现过“茶市斯为最，人烟两岸稠”的繁华景象。1939年，中国黑茶理论之父彭先泽在安化成功试制黑砖茶。1953年，安化茶人成功研制出湖南省本土第一片茯砖茶。1958年，安化茶人成功研制出中国第一片机制花砖茶。安化由此成为中国黑茶和紧压茶的摇篮。

（四）赤壁青砖茶

据说早在汉朝以前，今湖北省咸宁市下辖的赤壁市一带就有种茶制茶的历史记录。由于长途运输的需要，紧压茶和黑砖茶开始出现。清雍正六年（公元1728年），晋商入驻万里茶道之上的著名古镇——赤壁羊楼洞，研制生产出“川”牌青砖茶，畅销内蒙古、新疆等地，还远销俄国等欧洲国家。2020 年 12 月，三万块赤壁青砖茶被湖北省人民政府作为礼物回赠蒙古国，以表示对蒙古国向中国捐赠三万只羊的感谢，书写了“羊来茶往”的外交佳话。

（五）重庆沱茶

重庆沱茶以晒青、烘青和炒青毛茶作为原料制作而成，是紧压茶中的优质品种。1951 年，重庆市人民政府在当地建成了当时全国最大的茶叶加工企业——重庆茶厂，随后成功研制出重庆沱茶。自 1980 年起，重庆沱茶出口日本、意大利等 10 多个国家和地区，并于 1983 年 8 月 23 日在罗马第 22 届世界优质食品评选大会上荣获金质奖章。如今，历经沉寂与衰落的重庆沱茶正行走在复兴、重塑辉煌的道路上。

白茶的基本特征与主要代表

一、白茶的基本特征

白茶属于微发酵茶，传统白茶不经过杀青或揉捻，只经过萎凋、干燥、拣剔等工艺制作而成，因成品茶芽满披白毫、如银似雪而得名，冲泡后芽头肥壮、汤色黄亮、滋味鲜醇、叶底嫩匀，部分白茶拥有“绿妆素裹”之美感，传统中医认为白茶具有清热润肺、消除疲劳等功效，是中国茶类中的特殊珍品。值得注意的是，古代白茶与现代白茶具有明显的不同。在福建省福鼎、政和、松溪、建阳等地种植生产的新工艺白茶，目前已远销欧洲及东南亚等地。

二、白茶的主要代表

（一）福鼎白茶

福建省宁德市下辖的福鼎市是中国白茶之乡。清光绪十六年（公元 1890 年），福鼎茶农以大白茶品种的芽毫为原料，成功研制出福鼎白茶的杰出代表——白毫银针。该茶自清末起便销往国外。民国时期，福鼎白茶作为高端茶叶主要出口欧洲和东南亚国家，据传，英国贵族泡饮红茶时常放几根白毫银针入杯，以示名贵。2011 年，英国威廉王子世纪婚礼的结婚纪念茶礼以福鼎白茶为主要成分配制而成。目前，福鼎白茶的主要品种包括白毫银针、白牡丹、寿眉、贡眉等，其中寿眉总产量占据福鼎白茶总产量的一半以上。

（二）月光白

月光白又称月光美人茶，主要产于云南省普洱市，因叶芽显毫白亮犹如弯月而得名。月光白呈条形，黑白相间，汤色青黄明透，香气清雅持久，以蜜甜香、茶果香为主，不仅形状奇异，而且滋味奇特，是值得品尝和收藏的上等佳品。月光白的制作工艺独特，更为其增添了几分神秘。

（三）信阳白茶

信阳白茶由出身茶叶世家的信阳茶人周开启于 2012 年研制而成。信阳白茶以单芽一芽一叶、一芽二叶的鲜叶作为原料，采用独特的“阳化低温干燥”和“不揉不分”工艺制作而成，这一工艺让茶叶的色、香、味最大限度地保留下来。信阳白茶外形细秀，芽毫银白，汤色杏黄，具有“鲜香甘醇活”的独特口感，是长江以北地区白茶的新派代表。

第五讲

茶悟——宁静致远

引语

一杯清茶，几缕清香，品的是苦后回甘，悟的是宁静致远。几位茶友，各种心境，聊的是人间百味，守的回归本真。人因茶而静，茶因人而聚。多喝茶，常悟道，真正让灵魂安静下来，让情感沉淀下来，让岁月不被辜负。

小茶叶蕴含大智慧

茶叶、陶器、丝绸、京剧等是中国传统文化的重要标志。作为世界三大饮品之一，茶叶在中国的地位非同一般。茶可以分为两种：一种是“柴米油盐酱醋茶”的茶，可谓生活必需品；一种是“琴棋书画诗酒茶”的茶，可谓精神调味剂。小小的茶叶，不仅给人们的生活带来了乐趣和情调，还给经济社会发展注入了动力和活力。

茶文化历史悠久、博大精深，自古以来，文人墨客常以茶抒怀、寓理、明志。古人有“竹下忘言对紫茶，全胜羽客醉流霞”的美言，近代也有“云天倘许同忧国，粤海难忘共品茶”的名句。小小一片茶叶，却蕴含着无尽的大智慧。

小茶叶蕴含健康大智慧。茶的本义是“人在草木间”，这充分彰显了茶的人文特征与生态特征。茶的价值几乎都是正面、健康、良性的，被许多人誉为“养生之源”，此说虽有些夸张，但并非空穴来风；茶既能解渴，又能除乏；既能养生，又能静心怡情。正如宋代文学家苏轼所言：“何须魏帝一丸药，且尽卢仝七碗茶。”

小茶叶蕴含人生大智慧。茶叶可以让人思考，也可以让人宁静。品茶的过程与人生的历程十分相似。对于朋友而言，酒逢知己千杯少，茶逢知己一杯醉；对于处世而言，要读懂茶，就需要用心尊重每一款茶；对于人生而言，茶可以是口干舌燥时的及时水，喝上一大口，能够润喉爽心、解渴提神；亦可以是细心品味的慢生活，喝上一小口，品闲庭花落，尝云淡风轻。对许多人来说，喝茶喝的不是水，而是滋味——不仅有茶的滋味，还有人生的滋味。再好的茶，总会有饮尽的时候，而喝茶的心情是取之不竭的。与其无止境地追求极品好茶，不如随时具备喝茶的好心情。

小茶叶蕴含产业大智慧。茶产业是一个横跨并融合第一产业、第二产业、第三产业的庞大产业，涵盖茶叶种植、加工、销售、文化旅游等多个产业链条。从种茶、采茶到制茶、卖茶，茶叶的发展不仅令其自身形成了一个完整的产业链，还带动了茶具生产、包装机械、包装材料、茶食品、乡村旅游等相关产业的发展，创造了可观的就业机会和社会财富。

小茶叶蕴含民生大智慧。小茶叶的背后是民生大文章。

茶叶是事关民生福祉的产业，既能拓展农民增收的渠道，又有助于促进社会和谐。当前，富民强国是发展的主旋律、最强音。这里的富不仅包括财富“富有”，也包括文化“富有”和身体健康。喝茶不仅对人们的健康有益，还能满足人们的精神需求。随着茶产业的发展，人们生活水平的提高，喝茶的人会越来越多。大家以茶结缘、以茶会友，心情会更加舒畅，社会也会更加和谐。自2009年以来，信阳、襄阳等地先后试制红茶成功，使茶农的增收渠道由单一绿茶生产拓宽为绿茶与红茶“比翼齐飞”的生动局面，茶农收入大幅增加。如今，发展茶产业已成为这些产茶地的重大民生工程。

小小一片茶，产业大舞台，文化新天地。一座城市的品位与茶文化密切相关，一片茶叶隐含的智慧与每一个人紧密相连。一座有品位的现代化都市多半也是一座茶产业发达、茶文化盛行的城市，是一座茶香四溢、书香氤氲的城市。

因茶而聚，聚之饮茶。在这个快节奏的时代，我们需要培养品茶、阅读的兴趣，更需要增长修身养性的智慧。

干事创业呼唤“茶叶型”干部

何谓茶？茶是一个会意字，拆开即为“人在草木间”，蕴含着天人合一的境界与追求。一茶一人生，一人一世界。

党员干部要有茶之“素”，在朴实无华中站稳人民立场。茶之素，素在天然与外形。茶树具有十分顽强且旺盛的生命力，可以生长在山坡上、田埂边、岩缝里，纯朴天然却茁壮成长，外观普通却卓尔不群。茶叶以独特的苦后回甘沁人心脾，是许多民众生活的必需品。党员干部最本质、最鲜明的特征就是来自人民、扎根人民、服务人民、回归人民，务必以勤勤恳恳、兢兢业业的奋进姿态坚守在改革前沿、发展一线、人民中间。新时代的党员干部应该具有茶叶朴实、朴素、朴诚之风骨，如同茶叶历经无数次冲泡后都会沉入杯底、绽放幽香一样，坚持做到定下身子、稳住内心、升华灵魂，树立清晰而坚定的目标，勇敢地面对工作中的困难，让青春之花在党和人民最需要的地方绽放。

党员干部要具茶之“雅”，在坚守初心中永葆政治本色。茶之雅，雅在茶道与香气。俗语云：三分好茶七分泡。好茶的诞生，除了优良的种植环境与制作工艺外，往往也离不开茶道、茶艺的赋能与加持。成品的茶叶，犹如浓缩生命的精华，一旦遇到沸水便能散发出怡人的清香，不仅有益于健康排毒、怡情养性，还有助于提神醒脑、激发思考。新时代的党员干部应具有茶叶般四季常青、初心不改、始终如一之品格，始终牢记全心全意为人民服务的根本宗旨，无论何时何地都不能忘记“我是谁”“依靠谁”“为了谁”，既不能高高在上、脱离群众，也不能人云亦云、随波逐流，要真正做到守得住初心、稳得住性子、耐得住寂寞。

党员干部要品茶之“苦”，在坚韧不拔中练就过硬本领。茶之苦，苦在工艺与口感。从天然青绿的片片茶叶到香醇甘甜的一杯茗茶，需要经历采摘、摊晾、杀青、揉捻、烘焙、冲泡等一道道磨砺自我、升华自我的精细工序。即便是天赐良种，成为茗茶也不会一蹴而就。党员干部的成长成才，就像是一片片茶叶，不经历高温杀青、强力揉捻、反复烘焙、沸水冲泡，就难以实现清香扑鼻、苦后回甘。新时代的党员干部应该具有如茶叶般历尽磨难、抗压耐挫、终成大器之信念，始终保持千磨万击还坚劲的耐心、不破楼兰终不还的韧劲和越是艰险越向前的斗志，勇于挑最重的担子、啃最硬的骨头，在建功新时代中成就最好的自己。

党员干部要学茶之“廉”，在清香正气中勇担时代重任。茶之廉，廉在洁净。无论是种茶、采茶、制茶，还是储茶、泡茶、品茶，都需要营造健康洁净、简约清爽的良好环境。新时代的党员干部应该具有浩然正气、廉洁干净之品质，树立正确的群众观、政绩观、权力观，坚持自重、自省、自警，永远保持对人民的赤子之心，咽得下苦味、守得住底线、抵得住诱惑，干干净净做官、规规矩矩做事、坦坦荡荡做人，努力达到“不要人夸颜色好，只留清气满乾坤”的高尚境界。

干事创业呼唤“茶叶型”干部，新时代催生“茶叶型”干部。广大党员干部要大力弘扬茶叶所蕴含的精神品格，把摊晾、杀青去涩、揉捻塑形、烘焙提香当作成长必修课，努力在千锤百炼中成为可堪大用、能担重任的栋梁之材。

城市因书香茶韵而厚重

一座城市的美丽固然要靠建筑、道路和绿化等外在的形式来体现，但一座城市真正的魅力，还在于这座城市市民的品位与气质。市民的品位与气质从何而来？读书和品茶无疑是极佳的来源之一。一座魅力之城多半也拥有众多善于阅读、乐于品茶的市民。

自古以来，书香与茶韵可谓“珠联璧合”。读书之人，多爱品茶。爱茶之人，多好读书。北宋文学家苏东坡，据说曾在一次斗茶比赛中荣获“白茶第一”。史学家司马光问他：“茶欲白，墨欲黑；茶欲重，墨欲轻；茶欲新，墨欲陈。君何以同爱此二物？”苏东坡笑而答曰：“奇茶妙墨俱香。”“茶墨俱香”遂被后人传为美谈。

阅读之意味与品茶之韵味极为相似，都是在苦涩中品味甘甜。茶让人越喝越健康越精神，书让人越读越通达越智慧。坚持品茶之人，可修得神清气爽之心性；博览群书之人，可修得摆脱平庸之境界。正如著名文化学者余秋雨所言：“阅读最大的理由是想摆脱平庸，早一天就多一份人生的精彩；迟一天就多一天平庸的困扰。”

真正的品位是源自心灵的品位，真正的淡定是源自灵魂的淡定。一杯好茶，不同的人品，会品出不同的味道；一本好书，不同的人读，会读出不同的感悟。只有真正懂茶的人，才能品出茶文化的独特韵味。只有真正读书的人，才能悟得字里行间洋溢的思想精髓。

书香，让城市更加美丽；茶韵，让生活更加美好。通过阅读品茶，整个城市的精神气质会因此而改变，甚至，缺少历史积淀的城市也可以成为一座书香茶韵弥漫的文化新城。深圳市人民政府门户网站的数据显示， 2023 年，全市有各类公共图书馆 845 座，公共图书馆总藏量 6476. 35 万册。与此同时，深圳国际茶产业博览会已经成功举办三十届。如今，深圳正在成为因读书而受人尊重、因文化而让人向往的城市。书香茶韵让人们对深圳这座曾经有“文化沙漠”之称的城市刮目相看。

最是书香能致远，最是茶韵美人间。一本好书犹如一座灯塔，在茫茫大海中为人生航船指明方向；一杯好茶犹如一位歌者，在喧嚣世界里为高贵灵魂唱响天籁。一座有品位的城市多半是书香茶韵充盈的城市。对于任何一座具有文化竞争力的城市而言，有一种享受叫阅读，有一种美丽叫宁静，有一种境界叫诗意。一副茶联十分细腻地道出了书香茶韵的诗情画意：“小天地，大场合，让我一席；论英雄，谈古今，喝它几杯。”读一本好书，沏一杯清茶，点一盏心灯，享受阅读之美，体味品茶之乐，既能心旷神怡，又能怡情养性……这或许是当今繁华都市里最靓丽的风景。

作家巴丹在《阅读改变人生》一书中写道：“阅读是幸福的发祥地。做一个读书人，就是做一个幸福的人。”在这个时代，一座城市最让人向往的风景应该是阅读品茗的风景。因为阅读，一座城市的未来充满无限可能；因为品茶，一座城市的气质油然而生。城市必将会因书香茶韵而更加厚重、更加美好。

襄阳：传承千年智慧　打造百姓福茶

北纬32度是高纬度茶叶生产种植的黄金区位，襄阳高香茶、襄阳红就生长在这一纬度。

襄阳的茶叶生产历史悠久，自然资源得天独厚，人文禀赋堪称一绝。“中华茶祖”神农氏曾在襄阳尝百草、植五谷，“三国茶祖”诸葛亮曾在襄阳躬耕十年。近年来，襄阳的秀美茶乡——五山、紫金、肖堰、店垭等地因茶脱贫、因茶致富、因茶闻名，茶产业已成为这些区域的主导产业、富民产业。

襄阳茶产业的发展成绩有目共睹，但在很长一段时间内，与信阳、宜昌、恩施等同类城市相比，襄阳茶产业由于种种原因还存在许多不足，其中最重要的原因就是茶叶品牌杂乱、茶叶品类单一。

伴随襄阳高香茶的异军突起，襄阳茶叶有了一个属于自己的品类名称，茶叶品牌杂乱的问题得到了初步解决。襄阳红，特别是高端襄阳红的横空出世，打破了襄阳自古以来以绿茶为绝对主导的茶产业格局，襄阳茶叶的品类正在不断丰富和完善，茶叶品类单一的问题得到了有效缓解。

作为具有深厚历史文化底蕴的茶乡，襄阳茶产业迫切需要高举文化旗，打好生态牌，走茶文化、茶产业、茶科技深度融合之路。

高举文化旗，前提是要深入挖掘与创新、传播襄阳茶叶的历史文化。襄阳茶叶的历史文化内涵可以总结提炼为三个关键词：千年故事、百年传奇、十年辉煌。

襄阳茶叶有神农植五谷、尝百草的美妙传说，也有玉皇大帝亲手教授当地山民种茶、制茶的美丽神话。如今，谷城县五山镇现存遗迹玉皇街、玉皇殿、玉皇池、玉皇柳等都与玉皇大帝降临五山的传说密切相关。“千年故事”已成为襄阳茶叶的精彩注脚。

100 多年前，谷城人刘峻周带着种茶技术到今俄罗斯、格鲁吉亚等地种茶制茶，开创了襄阳人到外国投资的先河，这也是襄阳茶人在“万里茶道”上留下的光辉一页。2015 年 3 月，中国湖北汉家刘氏茶业股份有限公司驻俄罗斯代表处和汉家刘氏茶坊专卖店在莫斯科揭牌。汉家刘氏茶已在俄罗斯的莫斯科州、弗拉基米尔州和科斯特罗马州等地开设加盟店50余家，为襄阳茶企“走出去”发挥了示范引领作用。可以说，汉家刘氏茶再次走进俄罗斯，让现代“万里茶道”焕发出新的生机与活力。汉家刘氏茶是襄阳茶叶“百年传奇”的重要见证。

在新时代，襄阳茶叶快速发展，尤其是襄阳高香茶、襄阳红的异军突起，带动了玉皇剑、汉家刘氏茶、保康松针等一批企业品牌的发展壮大。2015年，玉皇剑茶博园正式建成投产，逐步实现了有机茶种植业、农产品加工业与旅游业的融合发展，开创了茶产业发展的新模式，引领襄阳茶产业开启了新的历史征程。玉皇剑茶是襄阳茶叶“十年辉煌”的一个缩影。

打好生态牌，核心是要坚持文化立茶、科技兴茶、智慧名茶。对于茶产业而言，除了生态种植、生态生产之外，还需要把生态优势转化为文化优势、科技优势、智慧优势。具体而言，就是把文化注入茶叶，让品牌树起来、立起来；把科技注入茶叶，让品牌兴起来、旺起来；把智慧注入茶叶，让品牌亮起来、响起来。

茶叶是与老百姓日常生活密切相关的健康饮品，而茶产业的发展水平、茶文化的传播程度是评价城市文化内涵的重要指标之一。

统筹做好茶文化、茶产业、茶科技这篇大文章，助力襄阳茶产业的发展，引领襄阳城市文化的创新，是襄阳茶人共同的责任和使命。襄阳茶人对茶的专注执着与精耕细作，不仅是因为茶产业对于襄阳经济发展的重要贡献，更在于茶文化对于襄阳城市文化的引领价值。如今，襄阳茶人正致力于积极倡导健康的生活方式和有品位的休闲文化，引导广大市民远离牌桌、酒桌，多上茶桌、学习桌，努力让茶香溢醉古城，让智慧之城、文化名城充满文化味、刮起文明风。

立足当下，襄阳茶产业的发展方向和路径选择是：传承千年智慧，打造百姓福茶。

如何传承千年智慧？那就是要通过做好一片茶叶去带动一个产业，提升一座城市，成就一个梦想。

如何打造百姓福茶？那就是要让天下百姓都愿意喝茶，让人们无论贫富都能喝得起茶，喝到好茶。

站在新的历史起点，我们期待并祝福：襄阳茶叶产品能够香溢汉江，襄阳茶叶故事能够传遍四方，襄阳茶叶品牌能够名扬天下。

玉皇剑：楚天茶王的创业故事

2008 年，湖北玉皇剑茶业有限公司正式由乡镇企业改制为股份制民营企业。当地茶商张于学临危受命，接下这个“烫手的山芋”，带领玉皇剑人改革创新、克难攻坚，以绿色低碳为导向，以创新驱动为引擎，以清洁智能为标准，以茶旅融合为目标，做有机茶、放心茶、良心茶，开启了创新创业的第一个“黄金十年”，书写了玉皇剑品牌奋进新时代的精彩故事。

一、天赐玉皇剑：地处北纬 32 度黄金产茶区

2012 年 7 月，我从信阳茶乡调到襄阳日报社（现襄阳日报传媒集团）工作，在深入学习研究玉皇剑公司的历史文化、工艺特色、产品品质等情况后，带领文化服务团队与玉

皇剑公司开展深度合作，并与其管理团队建立了深厚友谊，成了思想伙伴。

一方水土养一方人，一方人种一方茶叶。北纬 30 度至北纬 32 度这一纬度区域是地球上许多神秘现象发生的区域，被誉为“地球与人类的密码”，非洲的金字塔文明、美洲的玛雅文明、西亚的古巴比伦文明等古文明也都位于这段神奇的纬度。玉皇剑正处在北纬 32 度左右，这一区域也是黄金产茶区，当地群山环绕、土壤干净、植被丰厚、气候温润、云雾缭绕，是生产有机茶的理想之地，注定会充满传奇、创造奇迹。

长期以来，玉皇剑公司坚持“标准化建设，有机化种植，清洁化生产”，绘就“春有茶，夏有花，秋有果，冬有绿”的茶旅田园风光，努力擦亮“中国有机谷”这张襄阳城市名片，争当中国有机茶的代表者。如今，玉皇剑公司已获得中国驰名商标、中国茶业百强企业、全国优秀农民田间学校、湖北省农业产业化“重点龙头企业”、全省“十大名茶场”等荣誉，走过了创业的第一个“黄金十年”，其发展历程是湖北乃至中国茶企转型跨越的一个缩影。

二、智造玉皇剑：纳八方智慧　启事业宏图

十年磨一剑。玉皇剑能够成为襄阳高香茶的引领者、襄阳高端红茶的开创者，是战略创新、产品创新、科技创新、

文化创新的结果，是“纳八方智慧，启事业宏图”的真实写照。

战略创新是玉皇剑创业之根。战略决定成功，细节保证不败。十年来，玉皇剑公司始终坚持文化立茶、科技兴茶、智慧名茶，走第一产业、第二产业、第三产业融合发展之路。早在2012年，玉皇剑公司就果断提出“地造五山镇，天赐玉皇剑”的镇企融合发展思路，全力推动玉皇剑生态休闲谷建设，致力于“弘扬茶文化，致富千万家”。如今，玉皇剑公司结合自身实际，着力打造“一区三园”，即茶加工展示综合服务区和茶博园、茶公园、茶庄园。玉皇剑公司还在争创湖北省“三产”融合实验区、襄阳市乡村旅游示范区、谷城县茶旅小镇建设核心区。这标志着玉皇剑品牌初步实现了从茶叶到茶业、从单一产业到“三产”融合发展的跨越。

品质是玉皇剑创业之本。产品创新是企业赢得竞争优势的重要利器。玉皇剑公司地处道教圣地武当山与神农架林区之间的谷城县五山镇。这里的山上布满风化烂石，依据陆羽《茶经》关于茶树“上者生烂石，中者生砾壤，下者生黄土”的理论，谷城五山的山场便是种植茶叶的宝地，如今，这里已成为独具特色的无污染无公害生态茶园。玉皇剑茶叶沐武当、神农之灵气，汲高山丛林之精华，将传统工艺与现代科技相结合，以其“外形美、滋味厚、香气高、耐冲泡”

名动四方。比如：玉皇剑绿茶扁平似剑、翠绿显毫、汤色绿亮、栗香持久、滋味甘醇，其中，高档剑茶开发了剑王、金剑、银剑系列产品，毛尖茶开发了正、清、和、雅四个品种；玉皇剑红茶立足襄阳高香茶之鲜明特色，借助信阳红茶之成功经验，开发了智圣、智都、智谋、智慧四个品种，打破了襄阳茶叶产业多年来没有高端红茶的局面，开启了襄阳茶叶产业发展新篇章。2013 年，玉皇剑公司提出“玉皇剑，天天见”的全新品牌传播语，坚持智慧做茶、做智慧茶，加大在基地改造、品种改良、工艺改进、绿色防控、生态修复等方面的投入。

科技创新是玉皇剑创业之源。科技创新是现代企业生存与发展的动力源泉。自 2013 年 1 月起，玉皇剑公司积极探索“产学研”一体化发展模式，先后与襄阳市农业科学院、襄阳日报传媒集团、华中科技大学等单位建立战略合作伙伴关系，并与国家现代农业产业技术体系岗位科学家龚自明签约建立了院士（专家）工作站。在茶园管理、茶树生长、茶叶炒制、茶叶贮存的每个环节，专家团队都会出计献策，提供技术指导。仅仅针对病虫害防控，玉皇剑公司就在专家团队的指导下探索了五种方法：一是采用先进的电子灭虫灯“光”诱杀虫；二是利用生物易被特定光谱吸引的特性，用黄、蓝粘虫板等“色”诱杀虫；三是应用雌虫生物信息素诱捕雄虫减少交配率，从而降低害虫数量的“性”诱杀虫；四是利用特定的寄生蜂在害虫中散播“生物导弹”定向寄生杀虫；五是及时修剪茶园，将茶树病叶及时清出茶园，采用农艺措施“断粮”杀虫。与此同时，玉皇剑生产团队还借助鄂西北茶王茶艺大赛平台，公平、公正、公开进行技术大比武，完善、优化、创新制茶工艺，发现、培养、奖励制茶大师。一系列切实可行的科技创新举措，为打造零污染、零残留、可监控的质量安全管理体系和高标准选拔、多渠道培养的专业人才培育体系奠定了坚实基础。

文化创新是玉皇剑创业之魂。一个企业，若没有技术支撑，一打就跨；若没有文化支撑，不打自垮。玉皇剑的传说源远流长、意味深长，玉皇剑的文化博大精深、雅俗共赏。相传玉皇大帝云游四海，途经五山时，流连于五山的美丽山水，感于当地民风的淳朴，遂解下腰间佩剑插于地下，宝剑化身为满山茶树。玉皇大帝还亲手教授当地山民种茶、制茶，制成的茶外形扁平，恰似玉皇大帝插于地下的宝剑。山民为了纪念他，将在其教授之下制成的茶命名为“玉皇剑茶”。此外，这里还有太白金星到凡间寻访玉帝、姜子牙封神等传说。为了深入挖掘、弘扬传统文化，玉皇剑公司连续多年举办鄂西北茶王茶艺大赛和茶叶开采节，评选“玉皇剑八景”，推选“玉皇剑十大民俗活动”，筹建玉皇剑民俗文化博物馆和玉皇剑茶学院。实践证明，玉皇剑公司对传统文化的深度挖掘与精准传播，为玉皇剑品牌的腾飞注入了无穷动力。

三、梦圆玉皇剑：用良心制百姓福茶

创新无止境，创业永远在路上。一个企业的成功，是多个有利要素同时发力的结果；而有时只要出现一个不利要素，企业就可能失败。玉皇剑的健康、持续、平稳发展始终与精准扶贫、乡村振兴等国家战略紧密相连，与中国有机谷建设无缝对接，未来必将在品牌创新、管理创新、科技创新、人才创新等方面取得新突破、创造新经验，让广大茶农的日子越过越红火。

铸玉皇宝剑，造百姓福茶。玉皇剑品牌承载着“千年故事，百年传奇，十年辉煌”的广泛期待，严格按照“集团化布局、产业链运营、开放型合作、闭环式管理”的发展思路，努力实现复兴襄茶的光荣梦想，为让每个人喝得起好茶的目标奋斗，必将在新时代中开启“二次创业”新征程。

“妙手绘宏图，丹心写春秋。”这是玉皇剑人的不懈追求与时代担当。正如玉皇剑公司董事长张于学所言：“做茶叶有的东西能变，有的东西永远不能变。玉皇剑在未来发展中永远不变的是——用良心制茶，以内涵取胜。”

星光不问赶路人，时光不负有心人。在2023年楚茶论坛活动上，玉皇剑牌襄阳高香茶从全省几百家企业选送的308

个茶样中脱颖而出，一举夺得“茶王奖”，再一次用品质证明实力。

如今，玉皇剑已经成功开启了创业的第二个“黄金十年”，剑指何方，赢在何处？毫无疑问，答案必然是：剑指“二次创业”，赢在持续创新。

一茶一人生　一人一世界

多年前，当我产生撰写《解码茶文化+》一书的想法时，心里一直很忐忑：作为一个资历不深的茶人，我能坚持把博大精深却又缺乏理论体系支撑的茶文化研究下去吗?

2011年，我放弃比较舒适的工作环境和优厚待遇，参加河南信阳的公选干部考试，选调到革命老区一个偏僻的茶叶专业乡镇任职。正因为从烟草企业调到信阳“茶王之乡”——浉河区浉河港镇工作的缘故，我真正结识了茶叶，并深深爱上了茶叶。身处距离信阳城区40多公里的山区小镇，登茶山、走茶园、访茶农、学茶经、论茶道、寻茶路……这些是我的日常工作，也是我人生中最难忘的记忆。

虽然我真诚地拜茶农为师、向群众学习，与基层百姓打成一片，扶持培育了广义、德茗、龙潴春、两潭、豫韵、雨新等一批茶叶龙头企业和品牌，离任时获得了“茶叶书记”的称号，但由于工作时间偏短，我为茶乡群众和推动茶产业发展做的工作十分有限，这或将是我人生中最大的愧疚和遗憾。

正是这种愧疚和遗憾，时刻激励着我：要有一种责任和担当，努力把茶文化发扬光大，为茶产业加油助力，帮助茶乡人民早日过上好日子。

2012年，我调到襄阳工作后，在做好本职工作的同时，积极投身到襄阳茶产业发展的宏伟事业中，发起成立了襄阳市茶文化研究会并当选为首任会长，努力为襄阳营造书香茶韵的浓郁氛围，为推动谷城五山、南漳肖堰、保康店垭等茶乡的发展做了一些力所能及的工作。

虽然研究茶文化对我而言是一个偶然，但在茶的世界里，我能悟出五彩缤纷的人生境界。这也正是茶叶区别于其他食品、饮品的最大魅力之所在。写作本书，既是记录我对茶文化的一点研究思考，更是见证我对茶乡的深厚感情；既是弥补我对茶乡群众的一种愧疚和遗憾，也是在表达我对茶乡群众的一种感恩和期待。

茶性是多变的，每个人的经历不同，喝茶的感受也大不一样，正所谓“一茶一人生”。

健康人生从品茶开始。健康的本义是身心健康，茶可以帮助人们实现“以茶养身、以道养心”。一方面，饮茶具有消除疲劳、促进新陈代谢等保健功能。另一方面，在茶、茶具、水、人营造的独特氛围中，人们可以感悟养心之道。

品味人生从品茶开始。喝茶并非全为“解渴”，有时也是为了“忙里偷闲，苦中作乐”。与好友一起品茶论道，是一种乐趣，也是一种品位。特别是在品茶中学会积极入世，无疑是一道人生风景，正如“独饮得神，对饮得趣，众饮得慧”。

宁静人生从品茶开始。站在四季常青的美丽茶园中，看着茶在远离尘世的天地之间安静生长，不断为人类奉献健康和快乐。身处复杂的社会中，重新审视一下自己的内心，我们不难发现：懂得宁静，学会放下，让灵魂跟上脚步，是一种胸怀和境界。

智慧人生从品茶开始。茶入水，人入世。茶的价值，通过入水来体现；人的价值，通过入世来体现。再好的茶，只有当它在水中舒展开来展现茶味茶韵时，人们才能感受到茶的价值和意义。再优秀的人，只有当他在一个平台上施展出才华时，人们才能感受到他的存在与价值。这种入世行为，既是一种积极的人生态度，也是一种务实的人生智慧。

其实，茶叶原本无关风雅。然而，饮茶之风在传播的过程中，不断融入各地的风土民情，渐渐发展出了独具特色的饮茶文化。伴随时间的推移，茶成了中国的国饮，由饮茶孕育出的茶文化成了中国传统文化的重要组成部分。

俗语云："春有百花秋有月，夏有凉风冬有雪。若无闲事在心头，便是人间好时节。"无论是在家还是在外，无论是会宾朋还是谈工作，春夏秋冬、天南海北，喝茶总是一个不错的选择，也是一件快乐的事情。

小小茶杯，尽显乾坤，其中蕴涵着岁月之沧桑、生命之厚重、人性之思索。正如信阳龙潴春茶的品牌广告语所言："智慧做茶，做智慧茶"。

因为茶，城市变得更加厚重，社会变得更加和谐，身体变得更加健康，生活变得更加美好。统筹发展茶文化、茶产业、茶科技是一篇大文章，也是一个时代课题，需要我们在生活中去体验，用心灵去感悟，用行动去实践。

品茶修心是一种成长

小时候，我的理想就是走出农村，实现“跳农门”。读本科、硕士、博士时，我的理想就是从政。为了让自己更深、更快、更好地学习好新闻传播学专业知识，提升政治敏感度，我大二时创办了校园报纸《新闻青年》，提出了“让无声者有声”的办报理念，发表了《学生旷课老师要不要反思》等评论文章，努力营造自由表达的校园舆论环境。随后，我选择时评写作作为突破口，在《人民日报》《光明日报》《南方日报》《南方周末》等全国40多家媒体发表时评数百篇，掀起了一轮校园报刊时评潮。硕士、博士学习阶段，我创办了校园刊物《青年时代》，提出了“让时代记住我们”的办刊口号和“用社会人的眼光看校园、看社会”的办刊理念，并选择社会调查作为突破口，发表了《春节零距离调查河南癌症村》《中国第一古矿大冶矿区调查报告》等深入基层一线的调研报告，先后获得时任河南省委书记徐光春、华中科技大学校长李培根院士的批示和表扬。

博士毕业前，由于一些原因，我没有选择进党政机关、高校或中央媒体工作，而是选择作为专业人才引进到湖北中烟集团工作，先后任黄鹤楼文化传播中心主任、武汉黄鹤楼漫天游文化传播有限公司总编辑、红金龙集团（黄鹤楼科技园）团委书记等职务，参与了黄鹤楼、红金龙品牌的全程策划与传播，见证了黄鹤楼、红金龙这两个品牌在风云变幻的卷烟市场转型期的辉煌。

2007年，很多老师同学疑惑地问我："你为何没有选择媒体、选择高校、选择党政机关，而是从时评创作与研究跨入国企从事文化传播、品牌策划工作？"在我当时的理解中，进媒体则对社会进程的推动有限，进高校则积淀的人生阅历有限，进党政机关则能为经济发展直接做的贡献有限。选择去国企工作，一是为了深入企业肌体、熟悉中国经济，二是为了增强物质基础、减少后顾之忧，根本目标则是为了在未来更好地实现"为人民服务"的理想，践行"为人民服务"的承诺。

职场中的人经常在探讨和深思：大学毕业后的五年大家拉开差距的原因在哪里？毕业后的五年里，我们既有很多的"待定"，也有很多的决定。迷茫与困惑谁都会经历，恐惧与逃避谁都曾经有过，但不要把迷茫与困惑当作可以自我放弃、甘于平庸的借口，更不要让迷茫与困惑成为自怨自艾、祭奠失意的苦酒。生命需要自己去承担，命运更需要自己去把握。在大学毕业后的第一个五年里，越早找到方向，越早走出困惑，就越容易在人生道路上取得成就、创造精彩。可以这么说：一个人在这五年中培养起来的行为习惯，将决定他一生的高度。这种行为习惯的核心内涵就是：能吃苦、能吃亏、能吃话。职场上尚且如此，在大学学习期间更需努力。人与人之间的差距在8小时之外，学生与学生之间的差距在周末和晚上。周末和晚上干什么，决定你在大学期间乃至未来能走多远，能有多大作为。

倍感幸运的是，我在湖北中烟工作的几年，是黄鹤楼、红金龙品牌跨越发展的几年，我受益匪浅，收获颇多。人生最大的幸运就是能与伟大的人物同行、与伟大的品牌同行、与伟大的组织同行。与伟大的人物同行可以明大道，与伟大品牌同行可以优大术，与伟大组织同行可以取大势。而我能与伟大的黄鹤楼品牌同行，乃是人生的一大幸事。不管身在何方，身处何位，我的血液里已经融入了黄鹤楼品牌的精神基因，我的言行中已经融入了黄鹤楼团队的智慧种子，我的脑海里已经融入了黄鹤楼文化的特殊印记。可以说，我在国企工作的这段经历，为丰富人生阅历，提升自身素质，开阔思维视野奠定了良好基础。

2011年9月，我顺利通过信阳市面对全国公开选拔领导干部的考试，来到浉河区工作，被派往浉河区最边远的乡镇——浉河港镇担任党委副书记，后来我又兼任信阳浉河茶叶产业集群领导小组办公室副主任，主要负责茶叶产业发展和品牌策划工作。有人问：你为何放弃高薪高职到基层工作？我的答案是：一为学习，二为阅历，三为理想，四为责任。当然，我还会算一笔人生账：赚钱不是人生目标，而是一种能力。我在国企工作已证明自己具备了赚钱的能力，现在需要提升的是服务社会、回报社会、造福社会的能力。经过半年多的基层工作，我深深感受到：发展茶产业要从茶叶管理出发，管理茶产业要从茶叶策划开始。

面对“采好茶很难，制好茶更难，卖好茶最难”的现实，信阳茶产业必须重视采茶、制茶、卖茶的各个环节和细节，延伸产业链，开发新产品，挖掘茶产业，打造茶品牌。为了管理好、发展好茶产业，我借鉴策划卷烟品牌的思路和方法，把技术创新、文化创新、团队创新作为立足点，不断丰富茶叶的制作技术、文化内涵。于是，我开始品茶、研究茶、传播茶、推广茶，把茶叶当作事业，努力实现茶产业与茶品牌的有机融合。这时，我才深刻领会到“小茶叶大产业、小茶叶大文章、小茶叶大民生、小茶叶大形象”的丰富内涵，特别是树立拼搏、创新、文化、诚信、惠民五种形象的重要性。

党政机关的基本职责是行政管理，本质是为人民服务。我在工作中思考最多的问题就是如何努力实现管理与服务的平衡。如何把管理变为服务？首先要理清二者的关系。我认为，其主要包含两层意思：一、管理是为了服务；二、搞好管理的前提是搞好服务。虽然“为人民服务”的征途没有终点、永无止境，但只要不懈追求，我们就一定能实现自己的理想，至少会在通向理想彼岸的旅途上快速成长。周文王的“勤于政事，益行仁政，礼贤下士”，诸葛亮的“鞠躬尽瘁，死而后已”，周恩来总理的“完美人格，儒雅风范”……这些都是服务的典范，也是我们学习的标杆。

在浉河港茶乡工作期间，我时刻提醒自己：基层干部心中必须有一本明白账，切实深思“我是谁，为了谁，依靠谁，相信谁”这四个问题。人的一生，多么忙不重要，忙什么最重要。人生最大的麻烦和问题就是不知道自己在忙什么。不论从事什么工作，我们都要有勇气、有胸怀、有智慧去忙一些有价值、有意义的事，即有勇气改变可以改变的事情，有胸怀接受不可改变的事情，有智慧分辨两者的不同。

在信阳基层工作的经历告诉我一个道理：基层的智慧是无穷的，人民的智慧是无尽的。这也让我深刻领会到“拜人民为师”的内涵与外延。对我而言，品茶修心不是一种休闲，而是一种成长。做好这项事业离不开评论思维，离不开文化创意，离不开服务智慧。评论思维体现公民素质，文化创意体现品牌底蕴，服务智慧体现管理艺术。通俗点讲，那就是：懂茶的人不一定要会采茶、制茶、卖茶，但一定要学会品茶、评茶、颂茶。

人不负茶，茶定不负人

何谓信阳？人言为信，日升为阳。何谓襄阳？成事为襄，日升为阳。信阳和襄阳自古便是干事创业、共襄盛举之宝地。2011年9月至2017年9月，我有幸先后调到信阳和襄阳工作，并与两地茶乡干部群众结下了深厚情谊。他们尊称我为“茶叶书记”和“茶博士”，让我受之有愧。为了回报大家给予我的信任和支持，我当时承诺：“未来一定要为茶乡茶人著书立说，讲好茶故事，弘扬茶文化，助力茶产业。”

2015年，我出版了《解码茶文化十》，兑现了我对信阳、襄阳茶乡干部群众的承诺。十年后的今天，我出版《茶学五讲》，希望以此记录我对茶文化的独到见解，表达我对茶乡民众的思念和对广大茶人的期待。

2024年6月，我幸运地入选湖北省委人才办和湖北省教育厅联合遴选的“湖北产业教授”名单，受聘高校为武汉体育学院。《茶学五讲》是我担任“湖北产业教授”期间的课题研究成果，并获得资助出版。在此，我必须为湖北省委人才办和湖北省教育厅创新搭建的产学研平台点赞，向武汉体育学院新闻传播学院同仁和华中科技大学出版社编辑老师的热心帮助与辛勤付出致敬！

茶如人生，人生如茶。你若愿等，茶定如你所愿。从一定意义上讲，茶懂你的心有所依，你懂茶的物有所值。茶等的是一个懂它的人，人等的是一杯倾心的茶，正所谓“每个人终将会遇到适合自己的那杯茶”。

人不负茶，需恭敬相待。人与茶的缘分总是在不知不觉中建立的。茶放在我们手中，经过冲泡，变为美味的饮品喝入口中。那一刻，我们需要尊重手中这杯茶。恭敬地喝每一杯茶，表面上看这是对待茶的态度，其实是对待人生的态度。

人不负茶，需空杯以对。对于每个人而言，成功与失败都会装入我们生命的茶杯里。只有保持空杯心态，我们才能拥有喝不完的好茶，才会收获装不完的惊喜和感动。

人不负茶，需学会沉淀。茶是有记忆的，能够在紧结的条索间记录光阴的故事。精彩的人生不仅需要懂得积累，还需要学会沉淀。将茶叶倒入装茶的杯中，茶叶在沸水中浸泡洗礼，翻腾浮沉，而后归于平静，散发清香，苦后回甘。这个过程犹如我们跌宕起伏的人生历程。殊不知，勇敢地放下过往的成功与失败，以开放平和的心态去接纳和享受新的体验，无疑是一种大智慧。

人不负茶，需享受孤独。人一生最大的修炼，就在于甘于寂寞、享受孤独。茶是天地包容之物。品茶过程中，既可以两人成友、多人成饮、畅所欲言，也可以独自品茗、闻香悟道、沉思细想。可以说，品茶，品的是茶，静的是心，悟的是人生，洗的是灵魂。

中国知名佛教学者赵朴初在《吟茶诗》中写道："七碗受至味，一壶得真趣。空持百千偈，不如吃茶去。"该诗的意思是，豪饮七大碗玉液琼浆固然滋味无穷，但比不上品一壶香茗的真情趣。熟记千百条高僧的偈语又如何，还不如放下一切喝茶去。这首诗表达了作者恬静悠闲、豁达乐观的处事态度。归结一句话，那就是：喝茶不仅是一种生活享受，也是一种修行方式。

茶本无好坏，只有适合与不适合。任何一种茶，都能够各得其所。遇茶是缘分，再差也要尊重；泡茶需好水，再好也要人和；品茶求滋味，再少也要知足。

茶如镜，能映照内心；茶如书，会记录人生。你懂茶，茶更懂你；你不负茶，茶定不负你。正如宋代大文豪苏轼所言“从来佳茗似佳人”。

我们时常感慨：一天很长，一生太短。一个看透人生的人往往不会辜负两件事，那就是杯中茶和心中人。杯中茶给我们宁静，心中人让我们充实。细品杯中茶，珍惜心中人，都是幸福的事。

以梦为马，与梦共舞，为梦绽放。感谢茶叶，感恩茶人，感悟茶香。一生相伴，相伴一生！

面对以人工智能为代表的新一轮科技革命的到来，我们更应该保持坚定与执着。在此，我以2015年春天自己为襄阳智慧文化创意园团队素质提升培训班学员创作的一首励志诗《目标》与广大茶人共勉：

目标

目标改变自我，目标成就未来。

有目标的人不是没有眼泪，而是饱含眼泪时还继续奔跑。

有目标的人不是没有抱怨，而是努力用行动去驱逐抱怨。

有目标的人不是没有低谷，而是在跌入低谷后能够反弹。

给人生一个梦想，让梦想付诸行动，为行动树立目标。

目标就在前方，

目标只在前方，

世界会为有目标的人让路！

2025 年 2 月 20 日

于武汉光谷